EPA/456-B-00-001，2000 年 11 月

石油炼化企业最大可达控制技术（MACT）标准指南

（修订版包括补充规则）

美国环保局　空气质量规划与标准办公室指导

东方研究集团于 2000 年 11 月修订

周学双　韩建华　童　莉　刘　玲　译

梁　鹏　审校

中国环境出版社 • 北京

图书在版编目（CIP）数据

石油炼化企业最大可达控制技术（MACT）标准指南 / 周学双等译；梁鹏审校．—北京：中国环境出版社，2013.9

ISBN 978-7-5111-1482-2

Ⅰ．①石… Ⅱ．①周…②梁… Ⅲ．①炼油厂—污染物排放标准—美国—指南 Ⅳ．①X-652

中国版本图书馆 CIP 数据核字（2013）第 121252 号

出 版 人 王新程
责任编辑 李兰兰
文字编辑 张 娣
责任校对 唐丽虹
封面设计 宋 瑞

出版发行 中国环境出版社
（100062 北京市东城区广渠门内大街 16 号）
网 址：http://www.cesp.com.cn
电子邮箱：bjgl@cesp.com.cn
联系电话：010-67112765（编辑管理部）
010-67112735（环评与监察图书出版中心）
发行热线：010-67125803，010-67113405（传真）
印 刷 北京市联华印刷厂
经 销 各地新华书店
版 次 2013 年 9 月第 1 版
印 次 2013 年 9 月第 1 次印刷
开 本 787×960 1/16
印 张 6.75
字 数 110 千字
定 价 25.00 元

译 者 序

随着近三十年国民经济的高速发展，我国现代石油炼制工业取得了长足进步，国营、民营石油炼制企业已达二百多家，生产包括汽油、柴油、煤油、润滑油等一千多种产品，据我国国家统计局公布的数据，2012年中国加工原油4.68亿t。我国石油炼制的生产技术和设备基本上是通过引进、消化、吸收创新产生的，生产装置的设计、生产操作过程、设备的发展和进步与发达国家相比没有本质区别。

2012—2013年，在华北、华中、长三角、珠三角地区出现持续性大面积的雾霾天气，挥发性有机化合物（volatile organic compounds，VOCs）的控制已成为现阶段我国大气环境治理领域中的热点问题。VOCs是一类低沸点有机化合物的总称，是化工、交通、干洗、涂料、电子等行业的特征污染物，是形成$PM_{2.5}$和臭氧等二次污染物的重要前体物。长期以来，我国工业源大气污染物的控制和监管集中在有组织排放及SO_2、NO_x等无机大气污染物的排放上，对VOCs的控制起步较晚，存在排放基数不清、标准体系不健全、控制技术应用滞后等多方面问题，给VOCs污染控制带来了较大的难度。因此，开展VOCs控制研究，建立VOCs污染防治体系刻不容缓。

日前，环境保护部正式发布了《挥发性有机物（VOCs）污染防治技术政策》（公告2013年第31号，2013-05-24实施），明确提出石油炼制与石油化工是VOCs排放的主要工业源之一，VOCs污染防治应遵循源头和过程控制与末端治理相结合的综合防治原则。对于石油炼制与石油化工行业，鼓励采用先进的清洁生产技术，提高原油的转化和利用效率。并将石油炼制与石油化工生产过程细分为设备与管线组件、工艺排气、废气燃烧塔（火炬）、废水处理等四个过程，强化VOCs废气污染防治技术措施。应该说，《挥发性有机物（VOCs）污染防治技术政策》拉开了石油炼制等VOCs工业源污染防治的政策、标准、技术规范制定的序幕。

美国的二次工业革命经过百年发展，所产生的工业污染给人类生存环境带来的灾难终于使美国人开始觉醒，自20世纪70年代起，美国开始真正将环保意识落实到具体实施过程中。70年代初，美国国会开始通过各种环境立法，确立了以改进生产技术来减少排污的指导原则，规定所有工业企业生产废物都要达标处理，并授权美国环保局（EPA）负责制定具体的环保标准。

美国于1970年首次颁布《清洁空气法》（CAA），1972年首次颁布《清洁水法》（CWA），1976年首次颁布《资源保护和回收法》（RCRA）。自此，美国各项环保法规开始逐步走向规范，与炼油业相关的各种环保法规也分列其中。美国对石油炼制业的环境保护管理进程也是一个逐步摸索、完善的过程，译者认为，梳理美国对石油炼制业环境管理的发展思路，尤其是其对VOCs等有毒有害气体的污染控制思路，将对我国有重要借鉴意义。

早在1929年，由于美国炼油工业规模的不断扩大，由此带来的环境污染问题日益严重，为了炼油行业能更好地生存与发展，美国石油协会就已成立了“炼油企业废物处理委员会”，美国炼油业环境保护工作自此开始。该委员会由炼油企业的技术人员组成，负责对炼油企业存在的各种共性环保问题进行调查并提出解决办法，同时还陆续组织出版了许多关于废物处理方面的书籍。其中最主要的书籍为“美国石油协会炼油企业废物处理手册”，手册原分为下列各卷出版：卷一：含油污水；卷二：废气及颗粒物质；卷三：化学废物；卷四：污水取样与分析；卷五：废气及颗粒物质的取样和分析。1963 年出版了第六卷：固体废物和炼油企业废物的生化处理。此后，一直在对各卷手册进行不断补充和修改。这些关于炼油企业“三废”处理问题的研究与技术开发为后来美国国家环境法规的制定提供了重要的基础依据。

在 1965 年以前，美国炼油企业对炼油废物的处理并不是很重视。由于没有国家立法的约束，当时只有少数炼油企业会自愿在废水排放前对其稍加处理，对废气和固废的处理也很粗放。1965 年以后，迫于国家环保法规即将出台，各项行业法规才开始被认真执行。

在相关法规修订期间，炼油企业开始有意识地规范生产操作与管理方式以达到预期的环保标准要求。美国石油学会（API）牵头组织开发新的工艺和设备，如炼油污水处理厂仍在使用的 API 分离器等（如今 API 标识已成为标准化的象征）。炼油企业废物处理委员会则着手组织重新修改原有的炼油企业废物处理手册，以指导炼油企业更好地改进生产操作，达到环保标准要求，保证企业能够顺利生产。完成后的修订手册分液体废物、固体废物、气体废物三卷出版。其中《炼油企业废液处理手册》于 1975 年完成，该书中文翻译版于 1986 年 12 月由烃加工出版社出版。

20 世纪 80 年代是美国各项环保法规不断修订和完善的活跃期。

20 世纪 90 年代是美国各项环保法规进一步执行时期。

21 世纪是美国严格控制大气污染物排放时期。

经过近 40 年的发展，美国联邦法规现已分出 50 大类，共 4 卷，每年都要对这些法规进行一次修订。其中环保类法规被列为第40类（Title 40），共1 700多个分类（parts），每年7月1日为修订截止日期。美国法规制定得非常详细，以环保类法规为例：美国环保类法规（40 CFR）共分6章（chapters），第1章为主体，包括A、B、C、D、…、U等十几个分章（subchapters），1 000多个分类（parts）。炼油行业相关环保法规就分列在其中不同的分章分类中。例如，分章C（包括part 50～99）为空气类，其中分类60（part 60）为新固定源环保性能标准，与炼油企业生产装置及设备的气体排放相关的部分法规分列为其中的60-J、60-Ja、60-K、60-Kb、60-QQQ、60-XX、60-GGG、60-VV、60-UU等小类；分章N（包括part 400～471）为废水排放准则与标准，该章按71个行业进行分类，其中分类419（part 419）为石油炼制业点源污水排放准则与标准；40 CFR中没有专门针对石油炼制业固体类废物处理的环保标准。但美国《资源保护与回收法》对产自炼油企业的5类污泥有严格限制，已将其列入有害固体废物名单中。

石油炼化最大可达控制技术（MACT）标准来源于1990年的清洁空气法修正案。在此法案中，要求美国环保局控制列出的188种有毒有害空气污染物（HAPs）的排放，HAPs也就是众所周知的空气毒物。1992年7月16日，美国环保局发布了一系列源项类别（工业群体），该类别排放有毒有害空气污染物中的一种或多种。对于主要源项类别，该法案要求美国环保局制定标准，该标准要求使用最大可达控制技术（MACT）。

为方便石油炼制工业企业的所有者、操作者遵守联邦法律，同时给执法者一个系统的参考，EPA组织编写并于2000年修订更新了《石油炼化企业最大可达控制技术（MACT）标准指南》，针对石油炼制工业企业不同管理层面以问答的形式详细说明了石油炼制工业废气污染物排放应遵守的法律、法规、标准。

在《石油炼化企业最大可达控制技术（MACT）标准指南》（2000版）中，炼油企业的有毒有害气体的产生源被定义为：所有的工艺排放口、储罐、汽油装车、装船、设备泄漏及炼油企业中的废水处理系统。与《挥发性有机物（VOCs）污染防治技术政策》有类似之处。《石油炼化企业最大可达控制技术（MACT）标准指南》由五个章节组成，第一章阐述了指南编制的目的、适用范围及主要内容分布；第二章总结了指南的主要构成部分、对具体的加工单元规章条例的适用性、相应的控制要求、新规则中未包括的工艺；第三章讨论了适用于所有工艺装置的各类通用标准；第四章在通用标准的基础上，论述针对每类工艺装置的要求及可以达到平均排放水平的设施；第五章阐述了新石油炼化 MACT 标准与现存标准的重叠之处。

石油炼化 MACT 标准可以应用于石油精炼加工单元及相关的排放点，包括检测、监测、报告、记录保存及控制要求，主要是对炼油企业工艺单元内下列排放点的 HAP 排放量的控制，包括工艺排放口、贮存容器装载、废水收集及处理系统、汽油装车、装船及设备泄漏。

研究近 30 年来美国炼油工业污染物控制标准的沿革，一个非常深刻的体会就是美国炼油行业技术的发展实际上是在美国国家法规的要求指导下进行的，产生的每一个小领域的技术革新高潮都是因为后面有一项新的法规要求在推动。例如，美国环保局提出汽车尾气排放不达标，要求提高汽柴油质量标准，炼油企业就会马上加大投入开展燃油降硫技术的开发与应用，以便在标准真正实施前实现产品达标。

我们看到，美国的炼油业一路发展起来，始终没有离开环保法规的影子，所以说石油炼制企业的发展和环保的进步离不开法规的指引。

我国在 1996 年制定了《大气污染物综合排放标准》（GB 16297—

1996）和《污水综合排放标准》（GB 8978—1996），并分别在1997年和1998年实施。这两项标准的实施为控制我国石油炼制工业污染物排放和推动技术进步发挥了重要作用。但与发达国家和地区的环保标准相比仍有差距，从污染物种类和限值方面都已不能满足当前环保工作需要，新的标准正在修订中，但迟迟未能出台。

总体来看，美国经过百年工业发展后才从20世纪70年代开始真正重视环境保护，并通过国会立法确立了《清洁水法》《清洁空气法》《资源保护和回收法》3部大法在美国环境保护活动中的地位和作用。在这些环保法规的要求下，美国炼油行业在20世纪80年代重点进行了废水环境治理，90年代重点进行了固体废物环境治理，21世纪初重点进行了有害废气环境治理及排放控制。进入2010年，随着全球气候变暖，以CO_2为代表的温室气体排放限制问题在2009年12月哥本哈根世界气候大会上被再次提起。美国环保局已开始进行温室气体（CO_2）排放控制法规的制定，节能减排正在成为炼油企业需要关注的又一新重点。

我国政府已承诺，到2020年，我国CO_2总排放量要比2005年下降40%～45%，这是一个很严峻的考验。如何降低炼油企业生产过程中的CO_2气体排放，也正在成为国内所有石油炼制者们要共同面对的问题。

译者希望通过对《石油炼化企业最大可达控制技术（MACT）标准指南》的介绍，向石油炼制企业的生产管理者、国家环境保护管理部门的环境管理者提供些微参考，由于水平及专业知识所限，文中不妥之处敬请读者指正。实习学生胡志彦对本书校稿也有贡献。

译　者

二○一三年六月二十日于北京

目　录

1 简介

1995年8月，美国环保局（EPA）颁布了石油炼化企业的国家有毒有害空气污染物排放标准（NESHAP）。标准要求有毒有害空气污染物（HAPs）的主要排放源——石油炼化企业的污染控制和排放水平能够达到最大可达控制技术（MACT）的要求。石油炼化企业的主要污染源被定义为：所有的工艺排放口、储罐、汽油装车、装船、设备泄漏及石油炼化企业中的废水处理系统。本指南可用于帮助石油炼化企业确定各种最大可达控制技术的新标准在生产中的适用性，指导并帮助石油炼化企业的排放水平能够持续稳定达到各项规定中的要求。

本指南由5章组成。第1章阐述了文件的目的、范围及布局；第2章总结了规则的主要构成部分以及对具体加工单元规章条例的适用性、相应的控制要求、新规则中未包括的工艺；第3章讨论了适用于所有工艺装置的通用标准；第4章在通用要求的基础上，论述了针对每类工艺装置的要求及采用的平均排放设施；第5章阐述了新修订的石油炼化企业MACT标准与现存标准的重叠之处。

2 石油炼化企业 MACT 标准综述

2.1 概述

石油炼化企业最大可达控制技术（MACT）的标准来源于 1990 年的《清洁空气法》修正案。在此法案中，要求美国环保局控制 188 种列出的有毒有害空气污染物（HAPs）的排放，HAPs 也就是众所周知的空气毒物。1992 年 7 月 16 日，美国环保局发布了一系列源项类别（工业群体），这些污染源会排放一种或多种有毒有害空气污染物。对于主要源项类别（这些污染源每年会排放 10 t 或更多的一种在列污染物，或者每年排放多种在列污染物的总和超过 25 t——关于主要源项的附加信息见附录 A），该法案要求美国环保局制定标准，所制定的标准要求使用最大可达控制技术（MACT）。

受管辖的工业企业首要为石油炼化企业，因为其是 HAPs 的主要排放源。因此，MACT 标准的制定是用于帮助石油炼化企业控制其有毒有害气体的排放源。

石油炼化企业 MACT 标准可应用于石油炼制过程的各加工单元及相关的排放点，检查、监测、报告、记录保存及控制要求等方面。标准要求对石油炼化企业石油炼制过程的各加工单元内下列排放点的 HAPs 排放量进行控制：各工艺排放口、各类储罐、废水收集及处理系统、汽油装车、装船系统及设备泄漏。可以通过以下两个主要途径来满足 MACT 标准控制要求：

（1）对所有排放点进行控制，使其满足 MACT 标准中的控制要求；或

（2）采用“平均排放”（emissions averaging）的方法。这种方法可以灵活地选择要控制的排放点，以最经济的方式实现排放减量化。某些情况下，发现严格控制一些排放点，少量控制其他排放点会使设备更加有效益，因此用少量的投资就可以得到超过预期的排放减量。MACT 标准阐明了在设备总排放量控制中如何使用“平均排放”的方法以及该方法适用的排放点主要包括哪些。根据 MACT 标准这种方法仅对现存的污染源适用，不适用于新建排放源。“平均排放”方法的详细介绍见第 4 章。

本标准在美国的影响范围：截至1997年1月1日，在美国大约有165家石油炼化企业，这些企业是HAPs的主要排放源，它们需要遵守本标准要求。

注意：

在石油炼化企业MACT标准中，术语“污染源”（Source）指的是整个石油炼化企业，但是，不论在新污染源执行标准（NSPS）还是在美国国家实施规划（SIPs）中，污染源大多都是指一般工艺装置。MACT标准仅针对主要污染源。在MACT标准中，对新建和现有污染源有不同的要求，其定义如下：

现有污染源（现源）——1994年7月14日之前或当日已经建成。

新建污染源（新源）——1994年7月14日以后建成。但是，在现有污染源中新建一个新的工艺装置，如果新建的工艺装置每年有可能排放10 t或以上的HAPs中的一种污染物质，或者每年排放25 t或以上的HAPs污染物质总量，那么该装置应遵守新源标准；受现源标准约束的现源改变或增加排放点，如果它们不是重建源，那么也应遵守新源标准。

本章概述了本标准的主要内容，包括一般适用范围、控制要求、最后期限。

2.2 标准的适用范围

污染源是指石油炼化企业中所有排放点的结合体，每个排放点都是污染源的组成部分。MACT标准同样适用于《清洁空气法》中112（a）章节定义的有可能排放有毒有害大气污染物的主要排放源项。判断某个污染源是否为主要源项的方法参见附录E。某个污染源内各排放点的示意图见图2-1。

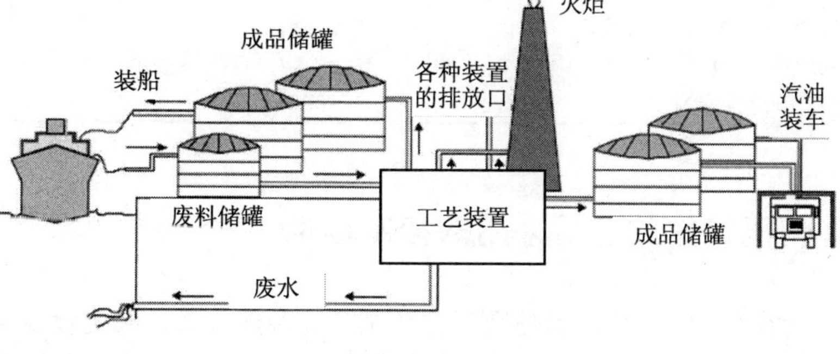

图2-1 污染源中的排放点示意

表2-1列出了石油炼化企业MACT标准适用的污染源内各排放点列表，如果

表中的任何一个排放点不在石油炼化企业之内，那么 MACT 标准就不适用于此排放点。

表 2-1 石油炼化企业 MACT 标准的适用范围

适用于标准的	不适用于标准的
● 满足如下条件中任何一个的石油炼化企业都是 HAPs 的主要污染源： —排放本指南附录 A 中 188 种 HAPs 污染物中的任意一种，且排放量≥10 t/a； —排放 HAPs 污染物总量≥25 t/a；	● 不是主要 HAPs 的污染源的石油炼化企业； ● 不排放或不含有附录 B 中任何一种 HAPs 的设备； ● 催化裂化和重整催化再生装置排放口；
● 炼厂中的石油炼制工艺单元：该单元是主要的污染源，且可排放或含有本指南附录 B 中的 28 类污染物中的一种。	● 硫磺回收企业排放口；
● 作为主要污染源的炼油工艺装置包括如下排放点：	● 研发设施；
—含有 20 μL/L 的总有机有毒有害空气污染物（HAPs）的各种装置排放口	● 加工天然气的装置；
—储罐（不含压力储罐和体积小于 40 m^3 的储罐）	● 回收利用废油的装置；
—废水和处理操作单元	● 页岩油开采装置；
—储存或接触≥5%（按重量计）浓度的总有机 HAPs 流体的设备	● 乙烯加工；
● 如果下列排放点在石油炼化企业范围内，则也属于主要污染源：	● 受美国国家有毒有害大气污染物排放标准（NESHAP）中 40 CFR 63 分节中 F，G，H 和 I 部分控制的装置；
—装船	● 从下水道中分离出的雨水；
—SIC2911 中规定的汽油装车站台	● 泄漏；
—SIC2911 中规定的与汽油零售相关的储罐和设备泄漏	● 一年中储存或接触有机 HAPs 物质少于 300 h 的设备

2.3 如何确定排放点所采用的控制标准

本节介绍了判定一个设施是现有源还是新建源的方法，判定该设施是现源还是新源后，就可评估其排放点是否满足控制标准。表 2-2 给出了每种类型排放点适用的控制标准。满足表中标准的可称为“1 组”排放点（Group 1 emissions），其他排放点可称为“2 组”排放点（Group 2 emissions）。“1 组”中的排放点要遵守 MACT 标准中的所有控制要求；“2 组”中的排放点不用遵守 MACT 标准中的控制或监测要求，但要遵守特定的记录保留要求。

表 2-2 排放点的控制适用标准

排放点	对于现源，如果存在以下现象，必须实施控制	对于新源，如果存在以下现象，必须实施控制
各种工艺装置的排放口	（1）有机 HAPs 浓度达到 20 μL/L，且 （2）总 VOC 排放量达到 33 kg/d	（1）有机 HAPs 浓度达到 20 μL/L； （2）总 VOC 排放量达到 6.8 kg/d
储罐	（1）容量达到 177 m^3，且 （2）最大蒸汽压力≥10.4 kPa 或者年平均蒸汽压力≥8.3 kPa，且 （3）年平均有机液体 HAPs 浓度＞4%（*m*/*m*）	（1）容量达到 151 m^3； （2）蒸汽压力达到 3.4 kPa（最大）； （3）有机液体 HAPs 浓度＞2%（*m*/*m*）（年平均） 或者 （1）容积为 76～151 m^3； （2）蒸汽压力达到 77 kPa（最大）； （3）有机液体 HAPs 浓度＞2%（*m*/*m*）（年平均）
废水	（1）总苯负荷达到 10 t/a，且 （2）流率达到 0.02 L/min，且 （3）苯浓度达到 10 mg/L，且属于 NESHAP 标准 40 CFR 61 分节 FF 部分中要求控制的源项	（1）总苯负荷达到 10 t/a，且 （2）流率达到 0.2 L/min，且 （3）苯浓度达到 10 mg/L，且属于 NESHAP 标准 40 CFR 61 分节 FF 部分中要求控制的源项
汽油装车	SIC2911 标准控制的在炼油场内的汽油装车设施，汽油吞吐量＞75 700 L/d	SIC2911 标准控制的在炼油场内的汽油装车设施，汽油吞吐量＞75 700 L/d
装船	（1）装载的液体蒸汽压力达到 10.3 kPa，且 （2）1999 年 8 月 18 日后，HAPs 中的任何一种排放量＞9.1 t/a 或总 HAPs 排放量＞22.7 t/a	（1）装载的液体蒸汽压力达到 10.3 kPa； （2）对于新源，没有相似的排放指标
设备泄漏	盛放液体或接触液体的设备，液体中总有机 IIAPs 的含量为 5%（*m*/*m*）	盛放液体或接触液体的设备，液体中总有机 HAPs 的含量为 5%（*m*/*m*）

图 2-2 至图 2-7 给出了各环节执行标准的判定图，在图中阐明了如何判断一个设备是否需要执行 MACT 标准和确定采用哪组（“1 组”或“2 组”）排放点的控制要求。图中包括了需要达到 MACT 标准的每个排放点（如各种工艺装置的排放口、储罐、废水、汽油装车站台、装船及设备泄漏等环节）。

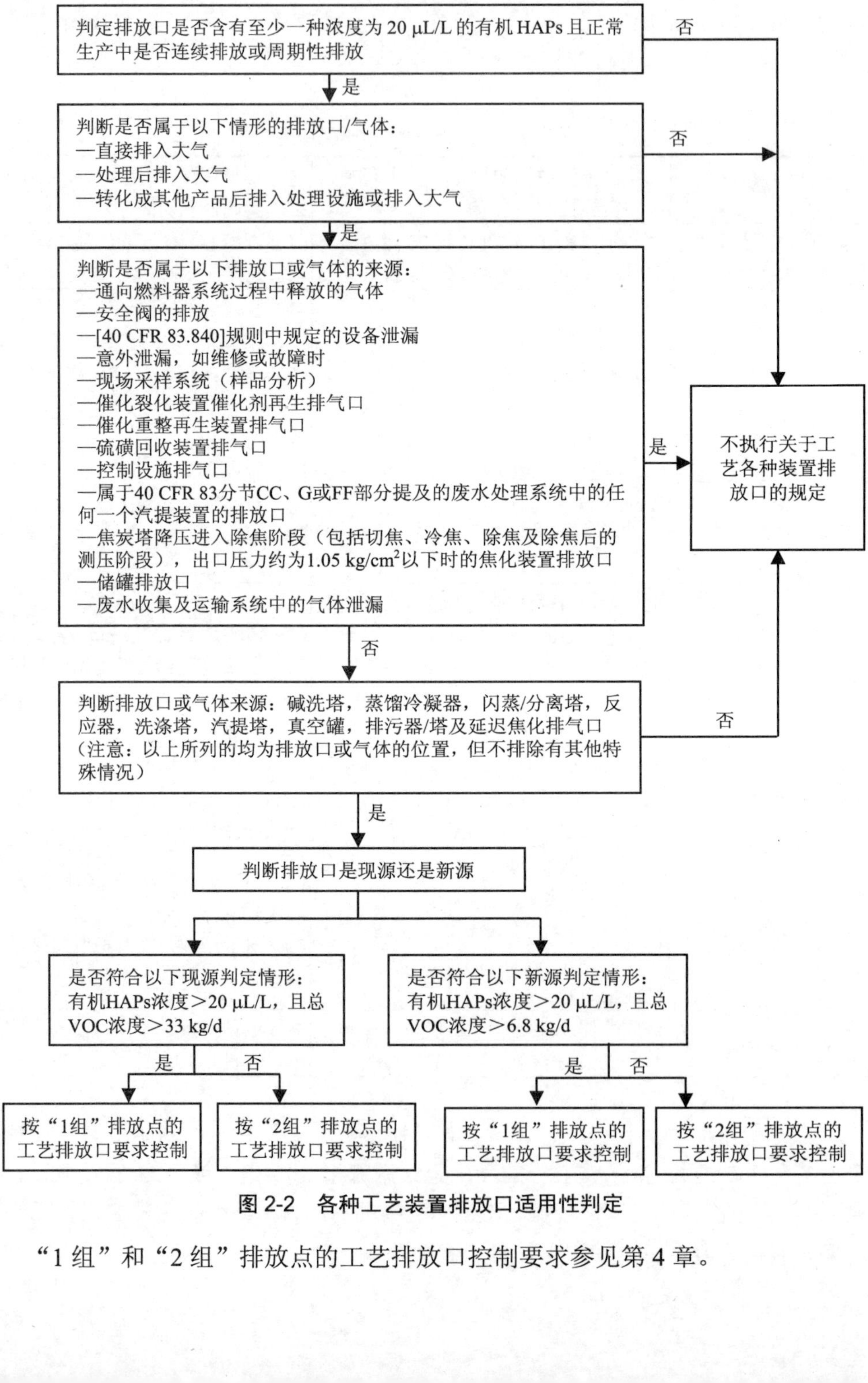

图 2-2 各种工艺装置排放口适用性判定

“1 组”和“2 组”排放点的工艺排放口控制要求参见第 4 章。

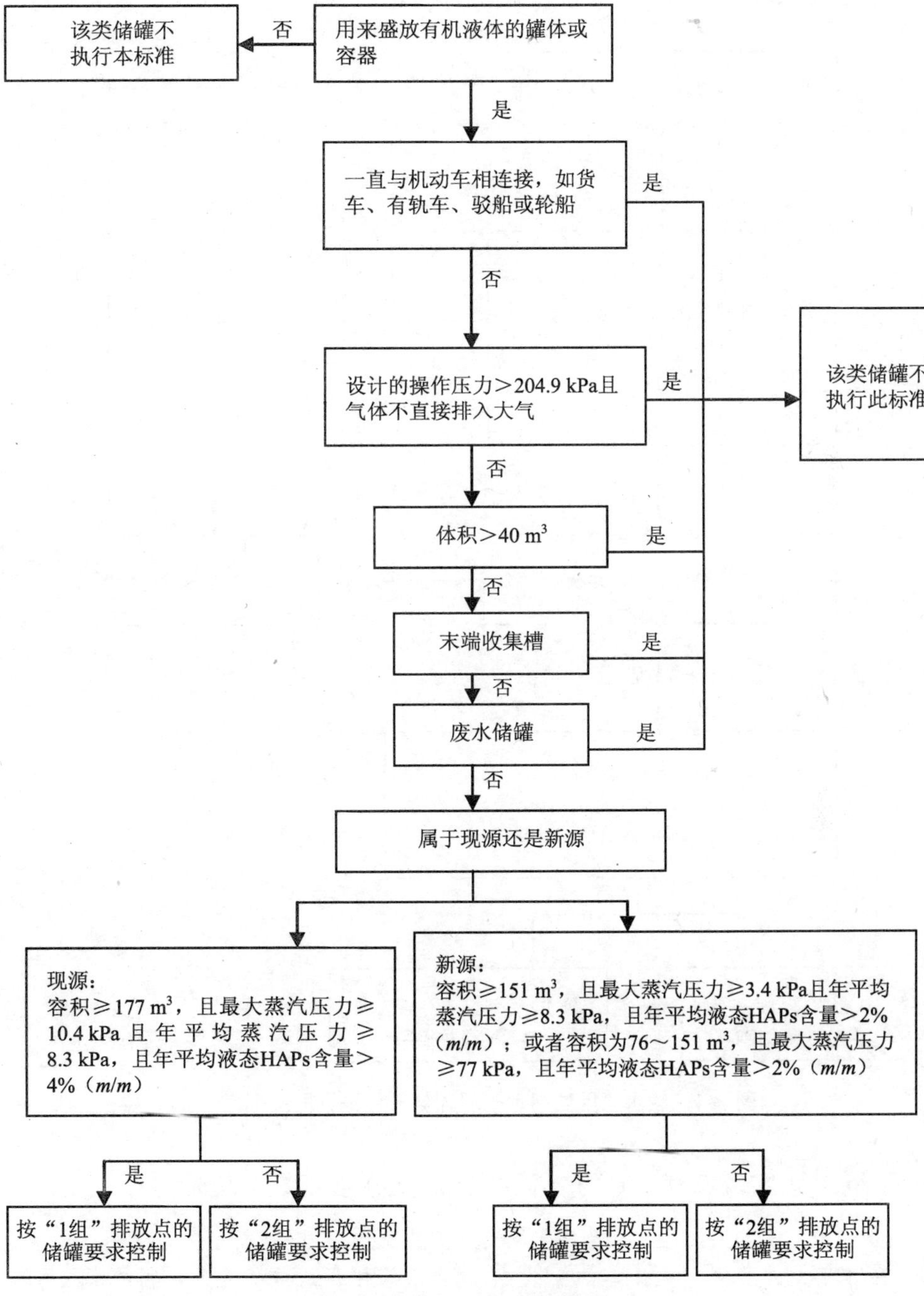

图 2-3 储罐适用性判定

“1 组”和“2 组”排放点的储罐控制要求参见第 4 章。

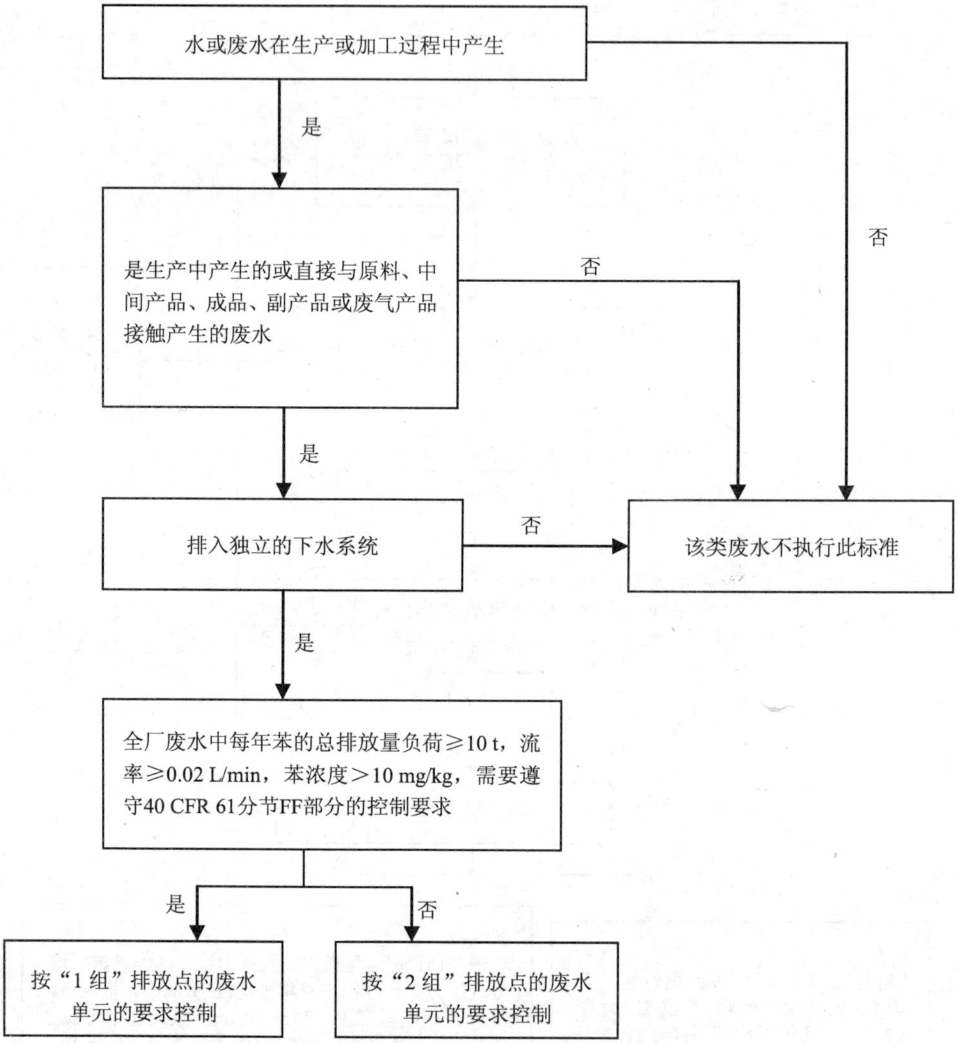

图 2-4　废水适用性判定（现源与新源执行同类标准）

“1 组”和“2 组”排放点的废水单元控制要求参见第 4 章。

废水单元的实例：废水储槽流出水；化学反应中形成或作为反应物的水；用于清洗有机产物或试剂产生的水；通过直接接触方式用来冷却有机蒸汽的水；凝结蒸汽（来自于灭火枪对盛放有机物的容器进行抽真空操作时产生的蒸汽）等。

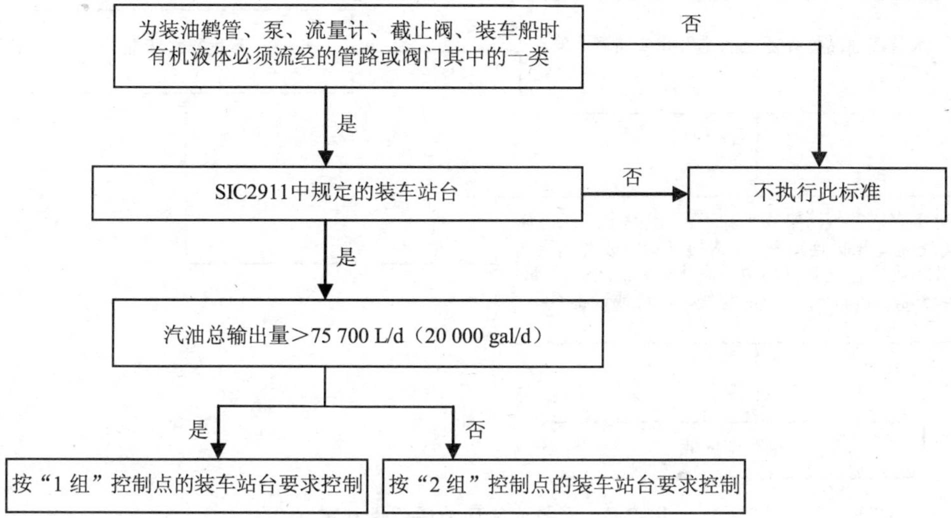

图 2-5　汽油装车站台适用性判定（现源与新源执行同类标准）

“1 组”和“2 组”排放点的装车站台控制要求参见第 4 章。

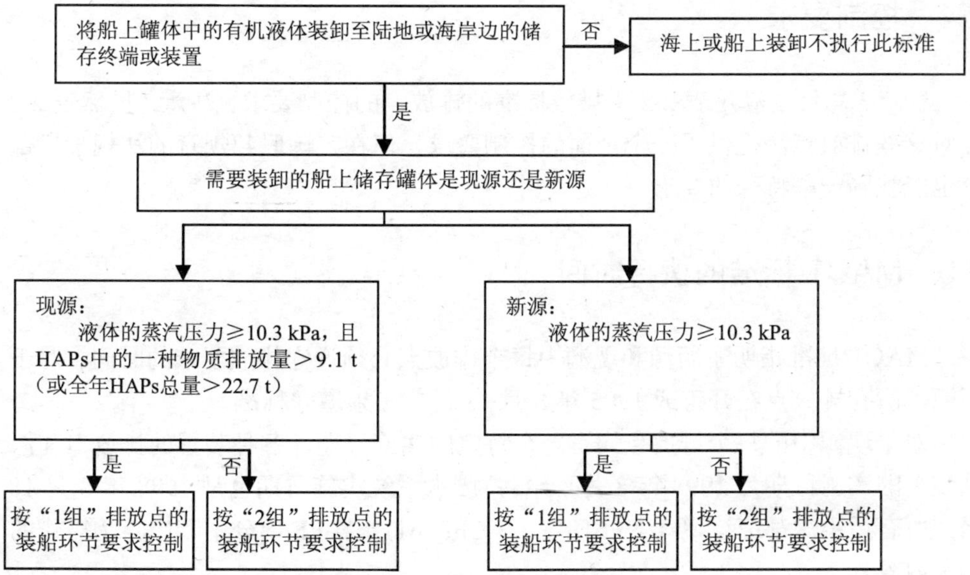

图 2-6　装船环节适用性判定

“1 组”和“2 组”排放点的装船环节控制要求参见第 4 章。

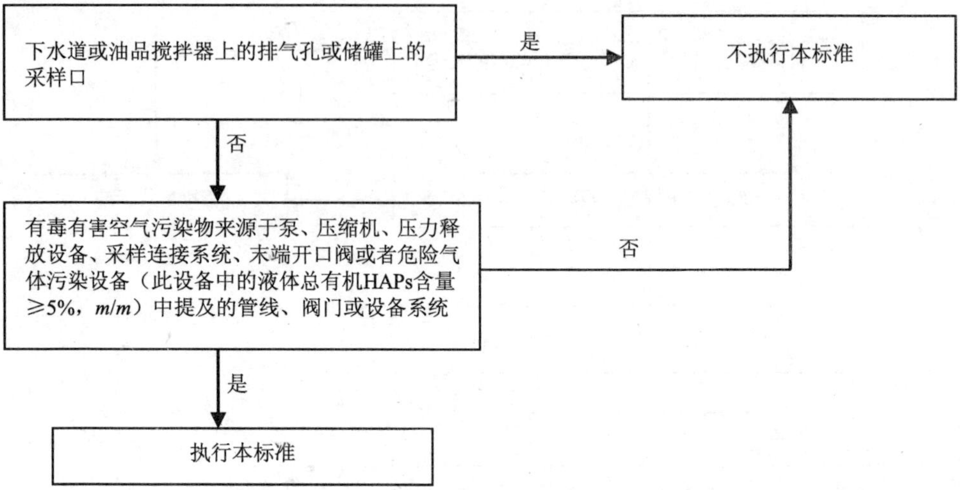

图 2-7 设备泄漏环节适用性判定

“1 组”和“2 组”排放点的设备泄漏环节控制要求参见第 4 章。

2.4 控制要求

表 2-3 总结了满足表 2-2 中排放标准的排放点的控制要求。注意：虽然表 2-3 针对这些排放点，提供了一个全面的控制要求，但在美国联邦规章的法规参考部分也能找到一些特殊的要求。

2.5 MACT 标准的执行时间

MACT 标准指明了新源和现源中每个排放点必须遵守排放要求的时间。对于新源，所有排放点在开工或 1995 年 8 月 18 日前必须遵守标准。

对于现源中的每个排放点均有一个特定的实施日期。各种装置的排放口和汽油装车的实施日期为 1998 年 8 月 18 日，废水系统实施日期也是 1998 年 8 月 18 日，所有污染源都应该遵守 NESHAP 40 CFR 61 分节 FF 部分中苯废弃物操作的相关内容。

固定顶储罐的实施日期也为 1998 年 8 月 18 日，但序言中建议如果固定顶储罐需要更换，实施日期可以延迟至 1999 年 8 月 18 日。

浮顶储罐控制标准的实行日期为 2005 年 8 月 18 日，对于 1998 年 8 月 18 日以后需要维修或脱储罐除气的浮顶罐，其标准的执行日期为下一次维修或除气后，但不得迟于 2005 年 8 月 18 日。

表 2-3 工艺装置/排放点的控制要求

排放点	控制要求
各种工艺装置的排放口	● 使用焚烧炉、锅炉、工艺加热炉或其他设备，使有机 HAPs 减量 98%或减少到 20 μL/L； ● 或使用火炬
储罐	● 遵守储罐 NESHAP［40 CFR 63 分节 G 部分］标准，要求满足下列条件之一： —带有特殊密封装置的内浮顶储罐； —带有特殊密封装置的外浮顶储罐； —带有特殊密封装置的由外浮顶转换成内浮顶的储罐； —配备 95%控制效能的封闭系统
废水	● 遵守苯废弃物操作 NESHAP 标准［40 CFR 61 分节 FF 部分］，要求满足下列条件之一： —采用其他工艺（如汽提或生物处理）的组合，使苯系物的排放量减少 99%； —减少汽提塔排放口的排放量，用其他废物管理或处理单元使排放量减少 95%或使控制设施出口废气排放浓度减少到 20 μL/L
汽油装车站台	● 遵守汽油配送 NESHAP 标准［40 CFR 63 分节 R 部分］，要求： —汽油装车站台总有机化合物的排放量减至 10 mg/L（汽油）以下； —只向经过测试确定为基本不排放有毒有害气体的储罐装载汽油
装船环节	● 遵守装船环节泄漏规则 NESHAP［40 CFR 63 分节 Y 部分］，要求： —现源 HAPs 减量 97%； —新源 HAPs 减量 98%
设备泄漏环节	● 遵守设备泄漏环节规则：现源规则［40 CFR63 分节 H 部分或 40 CFR 60 分节 VV 部分］，新源规则［40 CFR 63 分节 H 部分］，要求： —配备特定的泄漏识别和监测装置进行泄漏检测和修复； —遵守某些类型设备的说明书的相关要求

装船环节控制标准的实行日期为 1999 年 8 月 18 日，除非使用平均排放计算方法。如果使用平均排放计算方法申请信贷，则按环节控制标准必须在 1998 年 8 月 18 日前实行，对于特殊情形，可以视情况同意延期一年。

设备泄漏环节控制标准的实行日期为 1998 年 8 月 18 日，污染源可以选择执行 40 CFR 60 分节 VV 部分或 40 CFR 63 分节 H 部分的控制要求，允许设备泄漏环节分 3 个阶段实施有毒有害废气排放的减量化（关于设备泄漏标准实施日期的详细信息参见第 4 章）。

2.6 结论

本章阐述了 MACT 标准与美国国家有毒有害气体控制标准之间的关系，给出了 MACT 标准的适用范围以及分类控制思路。根据 MACT 标准，将各类排放点分为“1 组”和“2 组”排放点来分别控制，每组排放点还细分各种工艺装置的排放口、储罐、废水、汽油装车站台、装船及设备泄露等六个环节来控制。本章还阐述了适用于不同种类排放点的控制标准，表明了哪种排放点需要安装控制设备，控制种类或相关的排放极限。最后，本章给出了每类排放点执行本标准的最后期限，通过判定流程图给出了适用性标准的判定方法。

3　通用标准

一旦石油炼化企业确定其排放点遵守 MACT 标准，就必须判定每个排放点适用哪种特定的要求。虽然石油炼化企业中的每类排放点都有特定的控制要求，但是 MACT 标准中也有适用于所有排放点的通用要求，这些通用的要求包括性能检测、监测、报告、保留记录。其中，一些报告仅要求涉及某些特定生产活动的石油炼化企业来开展。

第 3 章讨论了适用于石油炼化企业所有排放点的通用控制要求。第 4 章阐述了对一些特殊受控点的污染控制要求，也包括另一种控制排放的方法，即用“平均排放”来考量的受控源的控制要求。

> 所有排放点的通用要求包括：
>
> 性能检测、监测、报告（包括许可证申请及对有关规定执行情况的通报）及保留记录。

3.1　所有受控排放点都必须满足的性能检测要求

所有设备都要对某种污染控制设备进行初始性能检测（浮顶或者功率大于 44 MW，带有通向燃烧区排放口的化工过程加热炉不需要进行性能检测）。这些初始性能检测必须通过美国环保局的认可。为了进行性能检测，设备必须满足以下条件：

- 初始性能检测须于 30 天前告知管理机构［40 CFR 63.642（d）（2）］；
- 在最大的正常操作负荷下进行性能检测，在最大或最小监测参数的正常操作条件下进行控制操作，无论哪种检测结果都应该取得较好的排放减量［40 CFR 63.642（d）（3）］。

3.2 所有受控排放点的性能监测要求

“1 组”中的某些排放点需要监测，通向火炬的各种装置的排放口监测频率为每小时一次，“1 组”中外浮顶储罐没有监测要求。每一种工艺装置的具体监测要求见第 4 章。

3.3 所有受控排放点的报告要求

报告要求包括许可证申请、初始身份符合通知书以及证明身份符合有效期延长条件的文件。除定期报告外，所有报告要一次性提交或者一事一提交。

如有符合，每个排放点都必须将如下类型信息/报告提交给美国环保局相关地方办公室（40 CFR 63.13）（见附录 H 所列 EPA 地方办公室）：

- 许可证申请；
- 新建和改扩建许可申请；
- 对有关规定执行情况的通报，即符合规定状态报告；
- 定期报告；
- 开工、停工及故障报告；
- 特殊情况报告；
- 延期执行请求；
- 性能检测豁免证书申请。

以上要求的详细规定见 3.3.1 节至 3.3.8 节。

3.3.1 许可证申请要求

遵守本标准的所有污染源项业主或操作员，需要从相关部门申请一个一次性 70 条款或 71 条款操作许可证。*污染源可以向 EPA 或州当局申请许可证，这取决于美国环保局是否已经认可了一个州生产许可程序［40 CFR 63.642（a)］。

> 如果美国环保局已经认可了一个条款 70 下的州生产许可项目，污染源项必须向州申请许可证。如果州没有美国环保局认可的条款 71 中的生产许可项目，那么污染源项须向 EPA 地方办公室申请许可证。

* MACT 标准中提出的 70 条款或 71 条款，来源于美国有关空气污染源的联邦法规中关于许可证制度的相关内容。

3.3.2 新建或改扩建许可申请的要求

所有新建或改扩建污染源项目须提交相应的许可申请。现源不需提交申请，除非污染源项中出现新建或改扩建项目。

通常申请要求包括：

- 申请人姓名和地址；
- 建设新的大型受影响源的计划通知；
- 污染源项描述及地址；
- 构成申请基础相关标准的认证；
- 建设或改扩建的预期开工及竣工日期；
- 预计的启动日期；
- 每项工艺装置导则适用性的确定（如蒸馏装置，储罐，灵活操作装置）；
- HAPs 实际或预期的排放类型及数量；
- 管理人员要求的相关附加信息。

> “建设”的意思是现场建造、安装或组装影响源。“重建”的意思是替换影响源的部件或先前未受影响的固定源的部件，其范围如下：
>
> 1）新部件的固定资金成本超出建立一个同类新源所需固定资金成本的 50%；
>
> 2）改扩建源在技术和经济上可行以满足管理人员（或州）依照《清洁空气法》112 章建立的相关标准。

3.3.3 符合规定状态报告（NCS）的要求

所有石油炼化企业须告知美国 EPA 其有关 MACT 标准的符合规定。设备必须在适用的规定期限后 150 天内提交一份 NCS 报告（规定日期见 2.4 节）。

有两个例外：1 组中增加了一个新排放点或一浮顶储罐满足规定时，NCS 可包括在下一阶段报告中。*该报告必须识别每一个排放点及规定方法。该信息可作为独立报告，生产许可证申请或作为其补充。[40 CFR 63.654（f）] NCS 报告要求如下：

- 灵活生产装置、储罐及蒸馏装置规则适用性的确定，每年都有不同[40 CFR 63.654（h）（6）]；

* 这一要求反映了 40 CFR 63 分节 CC 部分在 1998 年 8 月 18 日作出的修订，更多信息参见附录 G。

- 表明规定的单个排放点信息，如监测参数的范围［40 CFR 63.654（f）（1）和（f）（3）］；
- 连续监测系统性能评估结果［40 CFR 63.654（f）（4）］；
- 如设备需进行初始性能检测，那么必须提交一份针对所用每个检测方法实例的完整检测报告。使用同一检测方法的其他检测，仅需提交附加检测的结果［40 CFR 63.654（f）（2）］。

3.3.4 阶段性报告及其提交时间

在任何 6 个月报告期限内出现例外时，需要进行阶段性报告。如出现例外，必须提交阶段性报告。在 6 个月期限结束后的 60 天内必须提交阶段性报告。如果设备使用平均排放的方法，则报告按季度提交［40 CFR 63.654（g）］。

阶段性报告必须包括规定的例外信息，如例外的描述、原因以及采取的矫正措施（对于各类排放点见第 4 章）。如果对于增加一个排放点或一个排放点从“2 组”变到“1 组”而进行的性能检测，则在下一阶段报告中给出结果，比如排放减量或浓度百分比［40 CFR 63.654（g）（7）］。

3.3.5 开工、停工、故障方案及报告的要求

除废水处理装置外，石油炼化企业中所有装置必须制定及执行一份开工、停工、故障方案（SSMP）。如果废水不是 40 CFR 63 分节 G 部分中规定的组分，那么 SSMP 中就不必有废水处理装置的报告。故障方案必须描述开工、停工及故障期间污染源项运行及维修的过程。此外，方案中还应包括故障修复的方案及达到相关标准所需的空气污染控制设备。美国 EPA 通常会定义故障为罕见的、不可预期的事件，且不允许设备在超期故障下运行。

如果故障的修复行为与开工、停工及故障方案一致，那么在半年报告中需提交一份结果的声明［40 CFR 63.10（d）（5）（1）］。

如果故障的修复行为与开工、停工及故障方案不一致，那么在故障发生期间内的阶段性报告中需要报告此行为。

如果在报告结束期间没有故障发生，那么就不需要提交开工、停工和故障报告。

> 开工、停工及故障报告所需的文件如下：
> 1）一个工艺装置生产的开始时间；
> 2）工艺装置由于保养、修理或设备更换引起的停工；
> 3）工艺装置的任何故障。

3.3.6 对于特殊情况的报告的要求

MACT 标准已经详细叙述了检查、监测及保留记录的要求。然而，本标准也允许在满足这些要求时，具有一定的灵活性。如果设备试图采用非传统的工序或仪器，就需要提供额外的报告和核准。对于这些设备，需在现源规定日期前 18 个月提交以下信息，或提交新源建设核准的申请：

- 监测一种具有配套支撑、可选择控制设施操作参数认定的申请［40 CFR 63.654（h）（4）］；
- 采用数据压缩系统代替以小时记录认定的申请，且含有支持的信息［40 CFR 63.654（h）（5）］；
- 采用其他可选择监测方法的申请，且含有支持的理由［40 CFR 63.654（h）（5）（iv）和 63.8（f）（4）（ii）］。
- 建立一种非传统的排放标准的申请，带有检测方案或检查及监测结果［40 CFR 63.6（g）（2）］。（如果美国 EPA 发现这种非传统的标准等同于 MACT 标准，那么 EPA 将会征求公共意见并出版一个联合登记声明，以允许该标准的运用。）

3.3.7 设备需要提交规定延期申请的时间

如果排放减量化提前实现或污染源项不执行相关标准，那么就要进行规定延期申请。只有现源可以申请规定延期，而且必须至少在规定执行日期前 12 个月内提出申请，如果采用平均排放的方法，则要求在 18 个月之前提出申请［40 CFR 63.6（1）（2-3）］（规定执行见第 2 章 2.4 节）。申请包括如下内容：

- 控制设施安装的描述；
- 规定明细表；
- 临时排放控制步骤。

3.3.8 性能检测弃权申请的要求

如果设备由于某种原因，如技术或经济上不可行，不能进行性能检测，已经要求规定延期，或其他原因，设备必须向管理者提交一份性能检测弃权的申请。此申请中需包括证明此要求合理的信息并阐述不可行性的信息［40 CFR 63.6（1）（2-3）］。

3.4 记录保留的要求

所有石油炼化企业保留提交的报告、监测结果及其他记录至少5年［40 CFR 63.6（l）（2-3）］。此外，在需要时应在24小时内查阅到记录，因此必须保留记录，不论是复印件还是计算机可读形式。如果使管理者可见，那么必须提交电子文档［40 CFR 63.642（e）］。如下记录必须保留在当地：

- 每次事件，开工、停工及操作故障的持续时间，空气污染控制设备的记录［40 CFR 63.10（b）（2）（l-ii）］；
- 同开工、停工及故障方案一致及不一致行为的记录［40 CFR 63.10（b）（2）（iv-v）］；
- 连续监测系统定标检查记录（如果要求连续监测）［40 CFR 63.10（b）（x）］；
- 储罐记录［40 CFR 63.654（l）（1）］；
- 完整检测报告及性能检测结果［64.654（l）（2）］；
- 连续监测参数数值［40 CFR 63.654（l）（3）］；
- 其他许可证要求的记录。

3.5 结论

本章讨论了MACT标准的通用要求（这些要求适用于所有受控排放点），给出了性能检测、监测、报告及记录保留的要求，这些要求适用于所有受控点。本章还讨论了仅适用于每个排放点的要求。

4　受控排放点

本章总结了各环节受控排放点的详细检测、监测、报告及记录保留的要求。此外，描述了每类排放点的控制要求。除注明外，第 4 章中的要求仅适用于“1 组”的排放点，如无例外，“2 组”的排放点仅遵守记录保留要求。

本章讨论了各环节受控排放点相应的控制要求（如各种工艺装置的排放口、储罐、废水、汽油装车站台、装船及设备泄漏），论述了平均排放的方法及对于个别排放点现源采用这个方法代替相应的控制要求的方法。请注意，本章对各环节受控排放点的所有 MACT 标准不详细讨论，特别是在讨论储罐、废水、汽油装车、装船及设备泄漏等环节时，本章参考石油炼化企业需要遵守的美国联邦规章中的其他部分。对于参考部分的细节，见美国联邦规章中相应的部分。

4.1　各种工艺装置排放口的要求

一旦石油炼化企业决定其排放口遵守 MACT 标准，那么就必须确定每个排放口的适用要求。这些要求包括控制、监测、报告及记录保留。判定一个工艺排放口是否遵守 MACT 标准，可查询第 2 章中各种工艺装置排放口相应的判定流程图。

4.1.1　各种工艺装置排放口的控制要求

如果排放口想满足相应的标准，必须采取如下措施之一实施控制：

- 使用火炬；
- 使用焚烧炉、锅炉、工艺加热炉或其他设备，使有机 HAPs 减量 98%或减少到 20 μL/L；
- 如果使用锅炉或工艺加热炉，那么排放口的气流必须引入控制设备的火焰区域中或一定场所实现百分比减量或浓缩。

下面的部分讨论了与这些控制方法相关的检测、监测、报告和记录保留要求。

4.1.2 各种工艺装置排放口的检测要求

MACT标准要求各种装置的排放口通过将排放口连接到火炬、焚烧炉、锅炉、工艺加热炉或其他经过认证的设备、旁路管线来实现控制。一些用于各种工艺装置排放口的控制设备要求在一次初始性能检测中检测，及在工艺变更情形下的跟踪检测中检测。性能检测必须确保控制设备在正常条件下运行并且排放量在规定范围之内。即使各种工艺装置排放口的某些检测组分是相似的，MACT标准也要按照如下要求叙述，以控制设施为基础，执行检测要求。

> 如果有以下现象，各种装置的排放口需要进行控制：
> 1）现源：排放口含有20 μL/L或更多的有机HAPs，排放33 kg/d或更多的VOCs；
> 2）新源：排放口含有20 μL/L或更多的有机HAPs，排放6.8 kg/d或更多的VOCs。

（1）初始性能检测

引入火炬或采用其他认证控制设备的排放口要求进行初始性能检测。进行性能检测时，要求检测设备按照制造商说明书进行操作，或者设备达到规定排放减量化。

引入火炬的排放口的检测要求：测量设备是否正确操作，对于其他种类的工艺排放口，要求使用更加复杂的设备来测量每个受控点的排放水平。当使用火焰时，性能测量不要求测定减量百分数。

> 以下情况不要求进行性能检测：
> 1）引入到≥44 MW锅炉或工艺加热炉的排放口；
> 2）所有气体都引入到火焰区域锅炉或工艺加热炉的排放口；
> 3）如没有工艺变更，NSPS规定的进行初始性能检测时使用的控制设备。

对引入火炬的排放口，初始性能检测必须显示出火炬正在正常操作，排放速率不超过火炬的容量，用于控制排放量。以这些准则为基础，初始性能检测要求测量如下内容：

- 排放的能见距离（应该没有可见排放量）；
- 燃烧气体的净热当量；
- 燃烧气体的流速。

对引入到焚烧炉、锅炉或大于等于 44 MW 工艺加热炉的排放口，排放口气流不需要引入到锅炉或工艺加热炉的火焰区域。初始性能检测必须体现出与有机

HAPs 降低 98%或降到 20 μL/L 的要求相符［40 CFR 63.645 和 63.116 不包括（d）和（e）］。有机 HAPs 浓度及减量百分比可能通过的测量方式有：总有机 HAPs 或总有机化合物（TOC）的量减去甲烷及乙烷的量。采样点的变化取决于设备测定的是总有机 HAPs 还是 TOC。

（2）总有机 HAPs 的测定规定

采样点必须设在控制设备的进口及出口处，但进口处的采样点位置必须在最终产品回收设备之后。如果工艺排放口中的气流含有燃烧气体或作为二次燃料被引入到锅炉或设计能力＜44 MW 的工艺加热炉内，入口采样位置必须确保对所有排放口总有机 HAPs 或 TOC（减去甲烷和乙烷）浓度的测定，还要确保第一和第二燃料进入锅炉或工艺加热炉中。

> 计算 TOC 排放速率：
>
> TOC 可以按 40 CFR 60 附录 A 中的方法 18 或方法 25A 来计算，其他方法或有效数据按 40 CFR 60 附录 A 中的方法 301 确认。选择采样位置时，要求炼厂采用 40 CFR 60 附录 A 中的方法 1 或 1A。其他方法指南见 40 CFR 63 (f)、(g) 及 (h)。

（3）TOC 的测定规定

如前文所指出的，排放口必须给出有机 HAPs 的减量化，业主和操作者能够测量减量，以总有机 HAPs 或 TOC 减去甲烷和乙烷的形式表示。为了测定 TOC 减去甲烷和乙烷的形式表示的减量化，石油炼化企业首先必须根据下面规定的步骤测定 TOC。

采集样品必须满足以下要求：

- 在最终产品回收设备之后；
- 任何控制设备入口之前；
- 在工艺排放口气流稀释和释放到大气中之前。

检测方法 1 描述了固定源的相应的样品检测和速度导线。检测方法 1A 描述了带有小烟囱和导管的固定源的相应的样品检测和速度导线。导线位置的选择方法不要求排放口直径小于 0.1 m。

（4）工艺变更的跟踪检测

对“2 组”中的工艺排放口，无论石油炼化企业何时改变工艺，TOC 排放速率均必须重新计算，用以判定该排放口是否仍属于“2 组”中的工艺排放口或已经变成“1 组”中的排放口。重新计算以排放口气体流速和 TOC 测量结果为基础，气体流速和 TOC 测量结果可用于初始性能检测或最佳工程评估活动。

哪些属于工艺变更？

工艺变更包括但不仅限于生产能力的改变、生产速率的改变或催化剂类型的改变；还包括任何时候的对回收设备的更换、去除或增加以及生产脱瓶颈的改进。

工艺变更不包括工艺故障、短时间工艺过程变化，或是原计算的波动范围之内的改变。

4.1.3 各种工艺装置排放口的监测要求

将所有排放口气体引入火焰区域的锅炉或是工艺加热炉（≥44 MW）不要求安装监测设备。监测的类型及频率取决于燃烧设备的种类。所有连续监测设备必须按照制造商说明书进行安装、校准、维护及操作。表 4-1 列出了每一类燃烧设备的监测类型。如果带有“1 组”中各种工艺装置的排放口的石油炼化企业想使用除焚烧炉、锅炉、工艺加热炉或火炬外的控制设备，或想监测除表中规定外的参数，那么就要进行监测参数的认证。使用带有旁路管道排放口系统的石油炼化企业还有特殊要求，见表 4-2。

对使用其他认证控制设备或要求监测其他参数的石油炼化企业，认证局将要求其进行特定位置的测定。

表 4-1 燃烧设备的监测要求

燃烧设备	要求进行监测的种类	监测地点
火炬	监测设备应具有连续检测引燃火焰存在的能力（包括但不仅限于热电偶、紫外传感器或红外传感器）	没有规定
除催化焚烧炉外的焚烧炉	带有连续记录系统的温度监测设备	在进行大量热交换前的燃烧室内或紧接燃烧室下方布线管内的某个位置
催化焚烧炉	带有连续记录系统的温度监测设备	在紧接催化床层之前及之后的气流内
设计热输入大于等于 44 MW 的锅炉或工艺加热炉，或所有排放口气体都引入火焰区域的锅炉或工艺加热炉	没有监测要求	不适用
设计热输入小于 44 MW 的锅炉或工艺加热炉，且其排放口气体不引入火焰区域	带有连续记录系统的温度监测设备	在燃烧室内

表 4-2 带有旁路管线的各种工艺装置排放口的监测要求

旁路管线控制的类型	要求监测的种类	监测地点
带有旁路管线排放系统的石油炼化企业，且管道阀门未被封闭或关死的	流量指示器，每小时至少测量一次，检查排气口是否存在气体	在任何一个旁路管线的入口处，该管线能使排放口气体远离控制设备而排入大气中
带有旁路管线排放系统的石油炼化企业，管线阀门配置了油封或开关装置，且处于封闭或关死的状态	至少每两个月进行一次肉眼检查，确保阀门是关死的，确保排放口气体没有流向旁路管线	阀门处

4.1.4 各种工艺装置排放口的报告要求

各种工艺装置排放口的报告要求包括所有控制设备报告及特种控制设备的额外报告。本节讨论了适用于各种工艺装置排放口的两种特定要求报告：符合规定状态报告（NCS）和阶段性报告。

（1）符合规定状态报告

如第 3 章所述，所有石油炼化企业需要提交一份符合规定状态报告。NCS 可能要求提交操作许可证申请、操作许可证申请的修正案，或单独提交，或三者组合。如果在初期或不同的时间，以不同的提交方式提交过所需的信息，那么最近的提交内容可以涉及以前提交的内容，但不是重新复制以前提交过的信息。

> NCS 报告的时间是什么？
>
> 在开工或在使用规定最后期限 150 天内，需要提交符合规定状态报告。如果石油炼化企业在规定最后期限之前提交 NCS 报告，那么在 150 天期限之内，不需要提交附加报告。但是，需要参考以前的通知，给管理者发送相关信息。
>
> 例如，如果一个新装置在 1995 年开工时提交了一份 NCS 报告，就需要在适用 1998 年规定期限前提交一份关于 NCS 的资料（说明没有工艺的改变）。

NCS 中所需的信息取决于排放点的种类。NCS 必须识别所有工艺装置的每一个排放口，确认排放口是属于“1 组”还是“2 组”，对“1 组”中的不包括在平均排放的方法之内的每个排放口，必须确定规定的方法（例如使用火炬或达到 MACT 标准要求的其他控制设备）[40 CFR 63.643（a）]。

此外，因为每个检测及检测所用的方法都有不同的要求，带有控制设备并要求在 MACT 标准下进行检测的各种工艺装置的排放口必须提交关于每个检测方法的信息、性能检测结果。每个所用检测方法的支持信息如下面框中所示。检测结果必须包括如下信息：

- 有机 HAPs、TOC 的减量百分比或有机 HAPs、TOC 的出口浓度（以干基 μL/L 计，精确至 3%的氧）按 40 CFR 63.116（c）的规定判定；
- 对带有火炬控制的排放口，在规定判定期间要求 进行所有可见排放读数记录、热含量测定、流速测定及出口速度测定[40 CFR 63.654（f）（1）（iv）（A）]；
- 对带有火炬控制的排放口，阐明火炬在整个规定判定期间是否存在火焰[40 CFR 63.654（f）（1）（iv）（B）]；
- 40 CFR 63 分节 CC 部分，表 10（见表 4-3）中规定的检测参数数值，或由认证局核准的位置特定参数数值，是整个性能检测期间的平均值。

每个检测方法所需的支撑信息：
1）采样地点说明；
2）采样及分析步骤说明，标准步骤的修改；
3）质量保证程序；
4）检测期间操作条件记录；
5）标准准备记录；
6）校准记录；
7）野外采样的原始数据记录纸；
8）野外及实验室分析的原始记录纸；
9）计算记录；
10）任何检测方法所需的其他信息。

如果性能检测使用 40 CFR 63.645 中规定的方法，那么就可以采用先前的检测结果，检测条件代表当前操作条件。

表 4-3　40 CFR 63 分节，CC 部分，表 10 参数

控制设备	检测参数
热焚化炉	燃烧室温度
催化焚化炉	催化床层上面及下面的温度
设计热输入小于 44MW 的锅炉或工艺加热炉，其排放口气体不引入火焰区域	燃烧室温度
火炬	指示灯下火焰的存在
所有控制设备	对控制设备排入大气的流体的存在或每月密封阀的检查

1）由火炬控制的排放口的特定 NCS 报告

除上面的要求外，火炬控制的排放口还要求提供用于火炬特定检测的性能检测结果。对引入到火炬中的排放口，NCS 报告必须包括如下性能检测信息：

- 所有可见物情形；
- 热含量测定；
- 流速测量；
- 出口速度测定；
- 在整个规定判定期间，对指示灯中是否存在火焰的阐述；
- 如果排除火焰存在，监测一个参数，参数的可接受范围及理由（包括任何支持数据或计算结果）。

> 如果各种工艺排放口的检测已经进行，那么 NCS 报告必须提交吗？
>
> 对要求进行初始性能检测的排放口必须提交一份用于每个排放点的检测方法的完整检测报告。如果石油炼化企业采用同样的方法用于其他检测，那么附加的检测结果必须提交，而不需提交附加的完整检测报告。

2）设计热输入小于 44 MW 的锅炉或工艺加热炉（其排放口气体不引入火焰区域）的特定 NCS 报告

在特定 NCS 报告中，设计热输入小于 44 MW 的锅炉或工艺加热炉（其排放口气体不引入火焰区域）除满足以上要求外，还需包括以下内容：

- 性能检测期间，燃烧室的平均温度（或催化焚化炉的气体温度）；
- 每天燃烧室平均温度可接受范围及关于此范围的基本原理；
- 一天生产的开始和结束时间。

（2）阶段性报告

1）什么情况下要求阶段性报告？

当石油炼化企业出现了规定外的事件或过量排放期时，才要求进行阶段性报告。过量排放期情景如下框中所示。规定外的事件是指 3.3 节中描述的例外中的一种。规定外的事件及过量排放期不包括开工、停工、故障、性能检测和监测系统校准期。

> 什么是过量排放期？
>
> 1）一个生产期，在此期间内，排除火炬或引燃火焰，监测参数每天的平均值在 NCS 规定的范围之外。

2）对于引入火炬的每个排放口，火炬的所有引燃火焰都不存在的生产期。

3）一个生产期，要求记录的监测数据可供少于 75%的生产时间时。

4）已经核准的数据压缩系统，当监测操作少于生产时间 75%时的一个生产期或记录的监测数据少于 18 个的某一天时。

2）如果需要阶段性报告，那么何时提交阶段性报告？

在规定例外事件发生时的每 6 个月周期结束后，不超过 60 天，必须提交阶段性报告（第一次 6 个月阶段性报告始于 NCS 报告提交的日期）。如果石油炼化企业采用平均排放的方法，那么要求提交季报告，这会在 4.7 节中进行讨论。

3）阶段性报告包括哪些内容？

阶段性报告的通用内容见第 3 章。对于各种工艺装置的排放口，阶段性报告也必须包括应用于排放口的操作参数的过量排放（表 4-4 中的参数，或认证局规定的其他参数）。

4.1.5 各种工艺装置排放口记录保留的要求

如同各种装置的排放口有报告要求，对不同种类的控制设备要有重叠的记录保留要求，对个别的控制设备也要有特别的记录保留要求。所有的控制设备，记录的所有信息必须保留 5 年。

除必须记录的信息外，石油炼化企业可能被要求保留相应的特定排放口的记录，如表 4-4 所示。

表 4-4 其他的记录保留要求

控制设备	所需记录
要求进行初始性能检测的控制设备（火炬、焚化炉、小于 44 MW 的锅炉或工艺加热炉，且此工艺加热炉排放口气流不引入火焰区域）	初始性能检测结果的完整检测报告； 监测设备不工作的次数及持续时间
引入火炬的排放口	每一个引燃火焰测定的记录（或关于申请及认证的交替参数）
引入焚化炉、小于 4 MW 的锅炉或工艺加热炉的排放口（其中工艺加热炉排放口的气流不引入火焰区域）	每个燃烧室温度值或以一小时或更少时段为周期的一组数值的平均数的记录； 燃烧室每天平均温度的记录。然而，如果所有小时温度值都在 NCS 报告范围之内，那么设备可以记录范围内的所有值而不是每天的平均值

关于各种工艺装置的排放口和其他工艺装置的通用记录保留要求的相关信息，见3.4节。

4.2 储罐的记录保留要求

MACT标准规定的“1组”中的储罐包括储存含有有机HAPs的有机液体。判定一个储罐是否应该遵守MACT标准，参见第2章储罐的适用性判定流程图。

采用工程判断或检测结果的方式来判定HAPs重量百分比标准。采用如下标准判定蒸汽压力标准：

- 标准文本中的信息；
- 美国石油协会（API）出版物2517中描述的方法（外浮顶罐的蒸汽损失）；
- 采用美国材料与试验协会（ASTM）方法D2879-83进行的检测；
- 任何其他认证的方法。

4.2.1 储罐的控制要求

储存带有有机HAPs液体的储罐，其最大真空压力值小于76.6 kPa，必须受如下控制方法中的其中一个控制［40 CFR 63.119（a）（1）］：

（1）浮顶

1）配备特殊密封垫内浮顶；

2）配备特殊密封垫外浮顶；

3）配备特殊密封垫的外浮顶转成的内浮顶（如外浮顶上面安装固定顶）。

（2）密闭的排放口系统

密闭的排放口系统需连接火炬或其他控制设备，其中控制设备可以使HAPs排放量减少95%或减少到20 μL/L。

储存带有有机HAPs液体的储罐，其液体中总有机HAPs的最大真空压力值达到76.6 kPa，必须由密闭排放口系统及控制设备控制［40 CFR 63.119（a）（2）］。此外，40 CFR 63.119（b）—（e）中规定的工作必须遵守控制方法。

上面的控制方法既可用于现源又可用于新源。对于新源，浮顶罐上必须安装40 CFR 63.119（c）（2）（l）—（xii）规定的甲板固定设备。此外，40 CFR 63.119（b）（5）和（b）（6）的控制要求也要遵守。

如上所述，储罐的4种控制方法通常形成两类，用于检测、监测、报告或记录保留要求。前面的3种方法归入浮顶类，而最后一种方法是带有控制设备的密闭排放口系统。虽然下面描述的控制要求是针对两类中的个别控制方法，但要求中的大多数也可应用于两类中的所有控制方法。

4.2.2 储罐的检测要求

与其他排放点一样，在初始性能检测及工艺变更而进行的后续性能检测中，要求特定储罐进行检测。初始性能检测要求确保控制设备正常操作，并且排放量在规定限值之内。

对带有引入控制设备的密闭排放口系统的储罐，必须进行初始性能检测。但是，对配备浮顶罐的储罐没有检测要求。

初始性能检测

1）通入火炬的密闭排放口系统

对带有通入火炬的密闭排放口系统的储罐，为了确保达到有机 HAPs 排放量减量 95%或减少到 20 μL/L 的检测要求，检测要求中包括初始性能检测或规定判定，具体见 40 CFR 63.11（b）。检测必须包括如下测量/测定：

- 排放能见距离；
- 燃烧气体净热值；
- 燃烧气体的流速；
- 出口速度。

2）引入火炬外其他控制设备的密闭排放口系统

对配备引入火炬外其他控制设备的密闭排放口系统的储罐，检测要求要包括初期设计评价，如 40 CFR 63.120（d）（1）（1）中的规定；或初始性能检测，如 40 CFR 63.120（d）（1）（ii）中的规定。

4.2.3 储罐的监测和检查要求

对必须采取控制的储罐，为确保其一直符合控制要求，有监测和检查的要求。要求随采用的控制设备而变，所有密闭排放口系统的要求都是相似的，所有浮顶的要求也是相似的。

（1）监测要求

对配备密闭排放口系统的储罐，设备必须监测 NCS 报告中提及的参数，用以确保控制设备正确操作和维护。对带有浮顶罐的储罐没有监测要求。

（2）检查要求

1）密闭排放口系统

要求定期进行控制设备检查，用以论证其是否符合控制要求。对引入控制设备的密闭排放口系统，设备必须每 12 个月检查一次，具体见 40 CFR 63.148 中的规定。

2）浮顶

浮顶储罐可以分为单密封垫系统和双密封垫系统。对双密封垫储罐，当测量第一个密封垫（内部）缺口时，第二个密封垫（外部）不执行测量。对配备固定顶及内浮顶或外浮顶转换成内浮顶的储罐，下面的检查要求适用于每一类密封系统。

A. 单密封垫系统

通过检修孔和顶部窗口直观地检查内部浮顶和第一个密封垫，频率为第一次充满油后至少每 12 个月一次，或规定时间后至少每 12 个月一次。

每次储罐被清空及脱瓦斯后，直观检查内部浮顶和第一个密封垫，频率为规定日期后至少每 10 个月一次。

每次储罐被清空及脱瓦斯后，直观检查垫圈、槽膜、套筒密封圈，频率为规定日期后至少每 10 个月一次（仅限新源）。

B. 双密封垫系统

每次储罐被清空及脱瓦斯后，直观地检查内部浮顶和第一个密封垫及第二个密封垫，频率为规定日期后至少每 5 年一次；

或通过检修孔和顶部窗口直观检查内部浮顶和第二个密封垫，频率为第一次充满油后至少每 12 个月一次，或规定时间后至少每 12 个月一次；

且每次储罐被清空及脱瓦斯后，直观检查内部浮顶和第一个密封垫及第二个密封垫，频率为规定日期后至少每 10 年一次。

对配备外浮顶的储罐，每次储罐被清空及脱瓦斯后，设备必须直观地检查外浮顶、第一个和第二个密封垫及配件。此外，以下这些检查要求适用于每类密封垫系统：

C. 单密封垫系统

在规定日期之前，测量储罐壁与第一个密封垫之间的距离，频率为至少每年一次，直到安装第二个密封垫。安装第二个密封垫时，在安装的 90 天内，测量储罐壁与第一和第二个密闭垫之间的距离，然后执行下面的双密封垫检查要求［40 CFR 63.120（b）（1）（ii）］。

D. 双密封垫系统

在流体静力学检测期间或在规定日期之前，测量储罐壁与第一个密封垫之间的距离，频率为这之后至少每 5 年一次，

在规定日期之前，测量储罐壁与第二个密封垫之间的距离，频率为至少每年一次。

4.2.4 储罐的报告要求

储罐的报告要求包括符合规定状态报告、阶段性报告及内部检查通知。同检测和监测的报告要求一样，储罐的报告要求包括适用于 4 种控制方法的要求，适用于两类通用控制类别的要求（如密闭排放口系统和浮顶）及针对个别控制方法的要求。下文讨论了每类报告中的储罐所需的具体信息。

（1）符合规定状态报告

3.3.3 节列举出了 NCS 报告的基本要求。MACT 标准提出了配备密闭排放口系统储罐的 NCS 要求，但不适用于浮顶储罐。

（2）通入火炬的密闭排放口系统

对配备通入火炬的密闭排放口系统的储罐，NCS 报告必须含有初始性能检测结果，包括：

- 火炬设计，如助燃蒸汽、助燃空气、非助燃气体；
- 可见排放毒物；
- 热含量测定；
- 流速测定；
- 出口速度测定；
- 规定测定期间引燃火焰出现的周期。

（3）通入除火炬外其他控制设备的密闭排放口系统

对配备通入除火炬外其他控制设备的密闭排放口系统的储罐，NCS 还包括：

- 监测参数的描述，此参数用以确保控制设备正常操作和维护；
- 参数选择的解释；
- 监测频率；
- 设计评价文件，参见 40 CFR 63.120（d）（1）（Ⅰ）中的规定，或初始性能检测结果，包括排放点的识别。

（4）阶段性报告

如本节和第 3 章提及的一样，只有当规定例外发生时，才要求提交阶段性报告。阶段性报告中要求的信息归入两类通用控制方法的类别：密闭排放口系统和浮顶。对外浮顶罐有额外的要求。

（5）通入控制设备的密闭排放口系统

对配备通入控制设备的密闭排放口系统的储罐，阶段性报告必须包括如下内容：

- 前 6 个月，控制设备的日常维护；

- 接下来 6 个月，控制设备的预期日常维护；
- 以火炬为控制设备，不能满足 40 CFR 63.11（b）中规定的要求时，发生的事件及起因；
- 除火炬外的控制设备，当监测参数超出 NCS 规定的范围时，发生的事件及起因。

> 储罐的规定例外是什么？
>
> 规定例外指下面这些故障或控制设备的缺陷，主要表现为浮顶没有完全位于储罐内部液体表面之上或者没有支撑在腿架上，如：
>
> 1）浮顶上有液体浮动；
>
> 2）密封垫从浮顶上脱落；
>
> 3）密封垫或密封布上有孔、眼或其他开口；
>
> 4）在密封垫和储罐壁中有可见气体；
>
> 5）槽膜存在大于 10%的开口面积（仅针对新源）；
>
> 规定例外还包括监测参数在 NCS 核定的参数外的事件。

（6）浮顶

对配备浮顶的储罐，阶段性报告必须包括每次故障的检查结果。阶段性报告必须包括如下信息：

- 检查日期；
- 储罐的鉴定；
- 故障描述；
- 修理的种类及日期或储罐被清空的日期。

如果检查期间检测到故障或缺陷，设备必须在 45 天内修理或清空并且从设备上卸下储罐。如果储罐在 45 天内不能修理或清空，那么设备必须在 30 天内使用其他 2 个备用罐。如果使用备用罐，阶段性报告必须包括如下信息：

- 故障描述；
- 代替的储罐罐容不可用的描述；
- 修理控制设备或储罐被清空的时间安排。

对配备外浮顶的储罐的附加报告，要求在缝隙测量的前 30 天通知管理者。每一个缝隙测量结果，其测量要求参见 40 CFR 63.120（b）（3），（4），（5）或（6），不满意的结果也要在阶段性报告中汇报。须包括如下信息：

- 密封垫缝隙测量的日期；

- 原始数据及计算结果，如 63.120（b）（5）或（6）中所述；
- 不能实现的密封条件的描述；
- 修理的种类及日期或储罐被清空的日期。

如果在报告期间，浮顶储罐被引入到规则中，那么阶段性报告还应包括 NCS 报告。NCS 中须包括如下信息：

- 执行规则中的储罐的规定方法；
- 遵守控制要求，但没在规定之内的浮顶罐的预计规定日期（在 2005 年 8 月 15 日之前或在下次预计的清空和脱瓦斯时，浮顶储罐必须被引入规定中来）；
- 规定中的浮顶罐，实际的规定日期。

（7）内部检查通知

直接应用于储罐的第 3 种报告形式是通知管理者安排内部检查并用有机 HAPs 将空储罐充满。在石油炼化企业用有机 HAPs 充满或重新充满每个储罐之前的至少 30 天，石油炼化企业要通知管理者。除非以下情况，否则都要求 30 天内通知：

- 没有安排由 40 CFR 1209（a）（2），63.1299（a）（3） 或 63.120（b）（10）要求的内部检查，且
- 在石油炼化企业用有机 HAPs 充满储罐的 30 天前，石油炼化企业业主或操作人员不了解检查的情况。

如果没有安排内部检查或业主、操作人员不了解内部检查，那么至少在重新加满储罐的 7 天前告知管理者。可以通过电话，随后以书面文件的形式告知管理者没有安排检查的原因。至少在重新充满油 7 天前以文字的形式告知管理者。

如果州或当地的许可局已经取得石油炼制 MACT 的授权（直到 1997 年 8 月不是所有州都有），他们可以取消所有或部分石油炼化企业储罐的通知要求。州或当地的许可局可以在提交要求通知［40 CFR 64.654（h）（2）（i）（A）］后的 30 天内允许重新充满储罐或视情况在提交通知［40 CFR 64.654（h）（2）（i）（B）］后的 7 天内允许重新充满储罐。

4.2.5 储罐的记录保留要求

有适用于所有储罐的记录保留要求，也有针对不同控制方法的特定记录要求。对所有储罐，要求保留“1 组”或“2 组”判定、储罐尺寸及容积分析的记录。此外，所有要求报告的信息必须保留 5 年。

（1）通入任何控制设备的密闭排放口系统

对通入任何控制设备的密闭排放口系统的储罐，附加记录保留要求如下：

- 初始性能检测结果的完整检测报告；
- 监测参数的测量数值；
- 计划进行的日常维护，包括：在计划日常维护开始时，第一次没有达到控制要求的时间和日期；在计划日常维护的结论中，第一次达到控制要求的时间和日期。

（2）浮顶

对配备任何形式浮顶的储罐，记录保留要求包括保留每一次的检测记录［40 CFR 63.123（c）和（e）］。对配备外浮顶的储罐，附加要求包括保留每个密封垫缝隙的测量记录，包括日期、测量中取得的原始数据及 40 CFR 63.120（b）（3）和（4）中描述的计算结果。

4.3 废水的要求

判定废水是否要遵守 MACT 标准，参见第 2 章废水适用性判定流程图。含有苯废 NESHAP［40 CFR 61 分节 FF 部分］的石油炼化企业应该执行 MACT 标准。苯废 NESHAP 适用于石油炼化企业中满足如下所有条件的废水：

- 总苯负荷为 10 t/a；
- 流速≥0.2 L/min；
- 苯浓度≥10 mg/L；
- 受苯废 NESHAP 控制的。

4.3.1 废水的控制要求

废水要达到上文提及的相应的适用标准，要求执行苯废 NESHAP［40 CFR 61 分节 FF 部分］的控制要求，这些控制要求包括：

- 废水需通过措施，如汽提、生物处理或其他处理工艺，使苯总排放量减少 99%；
- 汽提和其他水管理或处理装置的排放口必须安装控制设备，该设备可实现 95%的排放减量化或实现控制设备出口浓度为 20 μL/L。

4.3.2 废水的检测要求

全部废水必须执行苯废 NESHAP 的检测要求，其中苯废 NESHAP 见 40 CFR 61.340—61.355，小结中也规定了检测的频率。如果需要，还需进行废水中苯浓度的周期性测定。

4.3.3 废水的监测要求

全部废水必须执行苯废 NESHAP 的监测要求，其中苯废 NESHAP 见 40 CFR 61.340—61.355。如果需要，还需进行工艺或控制设备操作参数的监测。

4.3.4 废水的报告和记录保留要求

全部废水必须执行苯废 NESHAP 的报告要求，其中苯废 NESHAP 见 40 CFR 61.356 及 61.357［40 CFR 63.654（a）］。此外，报告中要求的所有信息必须保留 5 年［40 CFR 63.654（1）（4）］。如果影响源已经遵守了 40 CFR 61 分节 FF 部分，那么其当前的报告和记录保留步骤就不需改变。

4.4 汽油装车站台的要求

判定汽油装车站台是否需要遵守 MACT 标准，参见第 2 章图 2-5。

4.4.1 汽油装车站台的控制要求

遵守 MACT 标准的汽油装车站台必须执行汽油装车站台设备 NESHAP，参见 40 CFR 63 分节 R 部分，要求如下：

- TOC 排放量减少到每升汽油 10 mg，且
- 用经过气密性检测的气密油舱装载汽油。

> 汽油装车站台初始性能检测步骤如下：
>
> 压力工艺系统，初始性能检测必须测定监测操作参数数值，步骤如下：
>
> 1）性能检测期间，连续记录 40 CFR 63.427 中的操作参数；
>
> 2）以性能检测中监测的参数资料为基础，测定操作参数数值，用工程评估和制造商的建议来增补数据；
>
> 3）为获得管理者的批准，需提供所选操作参数数值的基本原理及监测频率和平均时间。这包括用来挖掘和描述参数数值的数据和计算，检测频率，和对 40 CFR 63.422（b）或 60.112b（a）（3）（ii）排放标准的持续符合的平均时间。

4.4.2 汽油装车站台的检测和监测要求

遵守 MACT 标准的汽油装车站台，设备必须遵守汽油分配设备 NESHAP 的

检测和监测要求，检测参见 40 CFR 63.425（a）—（c）（性能检测），63.425（e）（年度鉴定），63.425（f）（泄漏探测检测），63.425（g）（氮气压力衰变场检测），63.425（h）（连续性能压力衰变检测），63.427（连续监测）。

1）初始性能检测

根据 40 CFR 60.503 中的检测方法和步骤，进行初始性能检测，除采用 500 ppm（1 ppm=10^{-6}）的仪表测定需要修复的泄漏外，其他参见 40 CFR 60.503。跟踪监测（发生了工艺变更的要求进行跟踪检测），要求石油炼化企业给出先前检测后操作参数改变的原因。

2）使用控制排放的密闭排放口系统的检测和监测要求

如果设备采用一个密闭排放口系统和控制设备来控制汽油装车站台的排放量，其中控制设备按照 40 CFR 60.112b（a）（3）中的规定，要求进行初始性能检测。

3）使用控制排放的火炬的检测和监测要求

如果设备使用火炬控制排放量，那么来自于汽油装车站台的排放量不能采用 40 CFR 60.503 中规定的方法测定，石油炼化企业要遵守 40 CFR 63.11（b）中的规定。

4）年度鉴定检测

除初始性能检测外，汽油罐每年都要进行检测，证明排放控制正在有效地发挥作用。年度性能检测需依照 40 CFR 60 附录 A 中方法 27 的真空和压力检测方法进行。

5）泄漏探测检测

装车期间，设备需根据 40 CFR 60 附录 A 中的方法 21，对汽油罐进行泄漏探测检测。在装载隔层时或隔层仍有压力时，要求对每个隔层进行检测。

> 汽油装车站台泄漏是怎样定义的？
> “泄漏”是指丙烷的仪表读数为 21 000 ppm 或更多。

除方法 21 外，检测还要遵守如下附加要求：

- 为了消除设备的正漂移，每次泄漏检测的停留时间不超过设备反应时间的两倍；每次泄漏检测期间必须用环境空气清洗设备，清洗的持续时间必须超过仪器反应时间的两倍；
- 设备应尽可能防止监测区域的大气流动影响，记录最高检测器读数和每次泄漏的位置。

6）附加检测要求

各种产品线带有的油舱，要求对每个仓的夹层进行氮气压力衰变场检测。检测如 40 CFR 63.425（g）所述，还要求进行连续的性能压力衰变检测，如 40 CFR 63.425（h）所述。

7）连续监测

汽油装车站台要求遵守 40 CFR 63.427（a）及（b）中的连续监测要求。需根据操作说明书对连续监测系统进行安装、校正、鉴定、操作及维护。连续监测系统安装的位置取决于所用系统的种类（如碳吸附、制冷冷凝器、热氧化或火炬）。

4.4.3 汽油装车站台的报告和记录保留要求

对汽油装车站台来说，设备必须遵守汽油分配设备 NESHAP 报告和记录保留的要求，具体见 40 CFR 63.428（b），（c），（g）（1）和（h）（1）—（h）（3）。40 CFR 63.428（a）中规定的初始通知报告与初始 NCS 一起上交石油炼化企业，时间为规定日期后的 150 天。所有记录要求保留 5 年。

4.5 装船环节的要求

判定装船环节是否要遵守 MACT 标准，参见第 2 章装船环节适用性判定流程图。

4.5.1 装船环节的控制要求

遵守 MACT 标准的装船环节操作必须遵守装船环节 NESHAP，具体参见 40 CFR 63 分节 Y 部分，要求如下：

现源：装船期间，收集释放的气体；
仅仅采用气密容器装载；
收集的 HAPs 排放量减少 97%或使用蒸汽平衡。

新源：除 HAPs 排放量减少 97%或使用蒸汽平衡外，同现源。

4.5.2 装船环节的检测和监测要求

遵守 MACT 标准的所有装船操作，石油炼化企业必须遵守装船环节 NESHAP 的检测和监测要求，具体参见 40 CFR 63.560—63.567。

4.5.3 装船环节的报告和记录保留要求

遵守 MACT 标准的所有装船操作，石油炼化企业必须遵守装船环节 NESHAP 的报告和记录保留要求，具体见 40 CFR 63.566，63.567（a）及（c）(1)。不要求 40 CFR 63.567（b）中规定的初始通知报告。所有要求的记录必须保留 5 年。

4.6 设备泄漏环节的要求

判定设备泄漏环节是否要遵守 MACT 标准，见第 2 章设备泄漏环节适用性判定流程图。5%的 HAPs 服务准则采用 40 CFR 63.180 规定的检测方法和步骤测定。

4.6.1 设备泄漏环节的控制要求

对现源的设备泄漏环节，设备必须遵守下面规则中的一个：

（1）40 CFR 60 分节 VV 部分［合成有机化学制造工业（SOCMI）设备泄漏环节 NSPS］；

（2）修正的 40 CFR 63 分节 H 部分［危险有机 NESHAP（HON）议定规则］。

新源的设备泄漏环节，设备必须执行修正 40 CFR 63 分节 H 部分。

4.6.2 设备泄漏环节的检测、检查和监测要求

为了所有设备泄漏环节遵守 MACT 标准，石油炼化企业必须遵守设备泄漏环节 NESHAP 的检测、检查、监测要求，具体参见 40 CFR 60.1046、60.1047（40 CFR 60 分节 VV 部分），或 40 CFR 63.162—63.180（40 CFR 63 分节 H 部分）。

4.6.3 设备泄漏环节的报告和记录保留要求

为了所有设备泄漏环节遵守 MACT 标准，石油炼化企业必须遵守设备泄漏环节 NESHAP 的报告和记录保留要求，具体见 40 CFR 60.1048、60.1049（40 CFR 60 分节 VV 部分）（除代替决定延迟修理者的签名必须被记录外），或 40 CFR 63.181、63.182（40 CFR 63 分节 H 部分）［除 63.182（b），（c）（2），（c）（4）外］。

4.7 平均排放的方法

石油炼化企业 NESHAP［40 CFR 63 分节 CC 部分］用多源强的排放定量来描述，采用 40 CFR 63.642 中的方程式表示。如第 2 章所述，为了使石油炼化企

业实现排放定量遵守 MACT 标准的控制要求，有两类通用的方法：

（1）控制所有排放点，如本章前面分节所述；

（2）采用平均排放的方法，此方法在实行控制时具有灵活性。

平均排放的方法允许某些点超过控制量而其他点在控制量以下，从而以最有效的方式实现要求的排放减量。位于同一地点的石油炼化企业、汽油分装设施、码头装船活动中采用平均排放的方法，从而增加一定的灵活性。平均排放的方法仅对现源适用。

4.7.1 平均排放方法的适用性

平均排放的方法适用于 SIC 2911 中规定石油炼化企业中的各种装置的排放口、储罐、废水、汽油装车站台和装船环节操作。平均排放的方法数不适用于跨界源项，如不同工厂位置或在同一位置的石油炼化企业与危险有机 NESHAP（HON）之间的源项（例如将危险有机气体污染物作为主要产品的装置）。此外，仅仅要求使用平均排放的方法的点进行排放评价，而不是所有的点都进行排放评价。

平均排放方法的局限是各州有权驳回此种方法，进而要求对所有点源实行标准控制要求。

4.7.2 平均排放方法的存/贷（总量控制计算）系统

为了遵守综合排放限额，平均排放的方法提供了存/贷系统用以计算排放量。*对于过控点——在 CC 部分要求控制之上的点，设备可以存入排放量；对于可控点——在 CC 部分要求控制之下的点，设备可以贷出排放量。采用 40 CFR 63.652（g）及（h）中的方程式，以各类参数为基础，计算存入排放量和贷出排放量，从而用来估算实际生产的排放量。以年为基准，存入排放量必须大于或等于贷出排放量［40 CFR 652（e）（3）］。此外，在任何一个季度内，贷出排放量不可以超过存入排放量的 30%［40 CFR 652（e）（4）］。

能够产生平均排放存入排放量的排放点如下［40 CFR 63.652（c）（1）—（3）］：

- “2 组”中的排放点；
- “1 组”中的排放点，此排放点的污染控制技术的控制效率高于参考控制技术；
- 排放点通过采用单独的或联合其他污染减量方法实现排放减量，这些方法

---

* MACT 标准中提出的平均排放方法存/贷系统，实际是一种排放总量的核算和控制的计算系统，以便于更加有效地实现污染物的减排，为了译稿尽量保持标准原稿面貌，此处仍按照存/贷系统来描述。

可以实现比要求更多的减量化。

不能够产生平均排放存入排放量的排放点如下［40 CFR 63.652（d）］：

- 在 1990 年 11 月 15 日或之前已经实行控制的排放点，除非在 1990 年 11 月 15 日之后，控制量有所增加，那么存款只能给予增加的部分。
- "1 组"中采用参考控制技术控制的排放点是不能产生存入排放量的情况的，除非通过不同的操作方式来使用该控制技术，且该使用方式通过认证，确认可以获得更好的控制减排效果（例如，使用 40 CFR 63.641 中定义符合参考控制技术的浮顶罐，但却宣称可以实现 95%以上的排放控制效率，是不能被认可的）；
- 已经停工的工艺装置中的排放点；
- 仅仅受美国州或其他联邦法控制的排放点。除非在 1990 年 11 月 15 日后，控制强度增加，而且在美国州或联邦法规要求之上，但存入排放量只能计算增加的部分。

贷款通常在"1 组"排放点的控制要求强度中产生，如各种装置的排放口减量 98%及储罐 95%的目标均未实现［40 CFR 63.652（g）］（见表 2-3"控制要求"）。存入排放量和贷出排放量均采用 40 CFR 63.652（g）、（h）中的公式计算。计算值不包括下面的排放量：

- 废水：不是工艺废水或生物处理装置中的废水（"1 组"中的处于控制之下的废水或没有控制的废水不能产生贷出排放量）［40 CFR 63.652（d）（4）］；
- 多于 20 个不受污染防治方法控制的独立排放点。在使用污染防治方法的地方，平均数内存在 25 个以内的排放点［40 CFR 63.652（f）（1）］；
- 在开工、停工及维修期间的排放点［40 CFR 63.652（f）（2）］；
- 处于连续监测下的排放点并且有过量排放［40 CFR 63.652（f）（3）］。在这期间，每月的存入、贷出排放量要根据 40 CFR 63.652（f）（3）（l）—（iii）情况进行调整。

4.7.3 平均排放方法计划的认证

想要采用平均排放的方法来实现大量排放限额的设备，必须在执行计划或操作许可证申请中提交平均排放的方法计划认可。此计划必须论证在正常操作条件下存入排放量足以抵消贷出排放量［40 CFR 63.652（e）（3）（l）］。计划可以包括新技术的使用与参考控制技术的区别，对"1 组"中的排放点，还需提供新技术可以取得更好控制效果的依据。此外，设备必须包含在危害或风险计划中的风险评估，如一个大排放点对组合排放点的风险。必须评估类似的危害和风险，并与规则逐点比较。

4.7.4 平均排放方法的检测、监测、报告及记录保留

对平均排放方法中包括的每个排放点，设备必须执行检测、监测、报告及记录保留，其要求等同于平均排放的方法中未包括的“1 组”中排放点的要求[40 CFR 63.653（a)]。参见第 3 章的通用要求和本章前文关于排放的具体规定。一个额外的要求就是要坚持每月的存入、贷出排放量计算。

4.7.5 平均排放方法的记录保留

平均排放方法的要求包括如下信息：

- 初始性能检测结果（如果适用）；
- 月存入、贷出排放量及采用美国 EPA 规定的计算步骤得到的计算结果；
- 操作参数监测结果。

4.8 结论

在本章中，通过详细说明每类排放点的要求，完善了 MACT 标准，讨论了平均排放这种可选择性的规定方法。本章解释了对于各种工艺装置的排放口、储罐、废水、汽油装车站台、装船环节及设备泄漏环节的要求。讨论了对每类排放点的控制要求，检测、监测、报告及记录保留的要求。本章阐述了设备使用平均排放的方法去满足标准要求的方式，并详细介绍了存/贷系统的总量控制计算体系。

5 石油炼化企业 MACT 标准与其他规则的相互关系

本章总结了 MACT 标准与其他规则之间的相互关系。如前面几章所述，MACT 标准要求控制石油炼化企业不同排放点产生的 HAPs 排放量，要求这些排放点中的一部分遵守其他排放规则，包括 NSPS 或 NESHAPs。美国 EPA 的目的不是用多余的规则增加石油炼化企业业主或操作者的负担，而是使源项遵守最严格的规则，而该规则将证明此项规定与所有规则相符。

40 CFR 63 分节 CC 部分对 40 CFR 63 分节 G 部分的适用性，排放点是采取危险有机 NESHAP（HON）还是其他 MACT 标准，均由装置生产的初期产品决定。初期产品是指装置生产的最大质量或最大体积的产品。例如，如果石油炼化企业以生产危险有机物作为其初期产品，那么就要遵守 HON 标准。如果石油炼化企业中一个必要的装置，产生很少量的危险有机物，那么就要遵守石油炼制 MACT 标准。在 MACT 标准中，美国 EPA 也给出了一本石油炼化企业的 SIC 代码参考书（SCI2911），使规则的适用性变得清晰，减少规则交叉时带来的混淆。下面阐述了 MACT 标准与关于每个工艺装置和相关排放点的现存规则之间的相互关系。

（1）各种工艺装置的排放口（Miscellaneous Process Vents）

没有现存的规则用于监管各种装置的排放口。“1 组”和“2 组”中的排放口都必须遵守 MACT 标准。

（2）储罐（Storage Vessesls）

对于储罐，在 MACT 标准与 NSPS 之间的重叠有：

- 在 40 CFR 60 分节 K 部分中，对 1973 年 6 月 11 日之后、1978 年 5 月 19 日之前建立或已经过各种修改的石油液体储罐的性能标准；
- 在 40 CFR 60 分节 Ka 部分中，对 1978 年 5 月 18 日之后、1984 年 7 月 7 日之前建立或已经过各种修改的石油 K，Ka 或 Kb 部分液体储罐的性能标准；
- 在 40 CFR 60 分节 Kb 部分中，对 1984 年 7 月 23 日之后改进的挥发性有机物储罐的性能标准。

MACT 标准中的控制要求参考 40 CFR 63 分节 G 部分中给出的储罐标准。MACT 标准适用于所有“1 组”中的新储罐及现存的不受 40 CFR 60 分节 Kb 部分监管的设备。对“2 组”中的储罐，如果 K，Ka 或 Kb 部分中的控制要求均不适用，那么储罐遵守 CC 部分。不遵守 K，Ka 或 Kb 部分的所有工艺装置均遵守 MACT 标准。

在下一次预期的检查及维修之前，但必须在 10 年之内，内浮顶或外浮顶罐的车间负责人或操作者可以延续密封垫升级，以满足 NESHAP 要求。

（3）废水（Wastewater Streams）

对废水来说，在 MACT 标准中下面的规则是交叉参考的：

- 在 C 40 CFR 60 分节 QQQ 部分中，石油炼化企业废水系统 VOC 排放的性能标准；
- 在 C 40 CFR 61 分节 FF 部分中，苯废弃物产生 NESHAP（BWON）；
- 在 C 40 CFR 63 分节 G 部分中，合成有机化学制造工业（SOCMI）NESHAP（G 部分）。

遵守 BWON 的新源和现源也要遵守 MACT 标准。MACT 标准仅适用于“1 组”中遵守 CFR 60 分节 QQQ 部分规定的废水。对废水管理装置来说，其接收的水有的遵守 BWON，有的遵守 40 CFR Part 63 Subpart G，MACT 标准必须弄清哪些必须遵守 BWON 的规定，哪些必须遵守 40 CFR 63 分节 G 部分的规定。采用的每个规则的具体规定见§63.640（o）（2）。车间负责人或操作者可以遵守 G 部分中所有的要求。

（4）汽油装车站台（Gasoline Storage Racks）

现源遵守 40 CFR 63 分节 R 部分，汽油分装设备 NESHAP 参考 MACT 标准。新源遵守 40 CFR Part 60 分节 XX 部分，但不要求其遵守 MACT 标准的要求。

（5）装船环节（Marine Tank Vessel Loading）

这些源项遵守 40 CFR 63 分节 Y 部分，装船环节产生的 NESHAP 参考 MACT 标准。

（6）设备泄漏环节（Equipment Leaks）

对设备泄漏环节来说，下面的规则与 MACT 标准交叉执行：

40 CFR 60 分节 VV 部分，SOCMI 工艺装置产生的设备泄漏的性能标准；

修订的 40 CFR 63 分节 H 部分，HON 议定设备泄漏标准。

设备泄漏没有群体称号。开工时，新源必须遵守 40 CFR 63 分节 H 部分，而现源可以选择执行 40 CFR 60 分节 VV 部分 或 40 CFR 63 分节 H 部分。另外，MACT 标准不适于遵守 HON 规定的装置。

表5-1显示了在MACT标准下可以适用于每个受控排放点的现有规则。

表5-1 石油炼化企业MACT标准（40 CFR 63 分节 CC部分）与现存规则的重叠部分

源项种类	源项类型	源项所属组	现存的规则	必须执行的规则	注释
各种工艺装置的排放口	新源/现源	1/2	N/A	40 CFR 63 分节 CC 部分：石油炼化企业的NESHAP规则	无现存规则
储罐	现源	1	40 CFR 60 分节 K 或Ka部分：石油液体的NSPS规则	40 CFR 63 分节 CC 部分：石油炼化企业的NESHAP规则，参考40 CFR 63分节 G部分	
			40 CFR 60 分节 Kb 部分：挥发性有机液体的NSPS规则	40 CFR 60 分节 Kb 部分：挥发性有机液体的NSPS规则	
		2	40 CFR 60 分节 K或Ka部分：石油液体储存的NSPS规则	40 CFR 60 分节 K 或Ka部分：石油液体的NSPS规则	遵守40 CFR 60 分节 K 或 Ka 部分控制要求
			40 CFR 60 分节 Kb 部分：挥发性有机液体的NSPS规则	40 CFR 60 分节 Kb 部分：挥发性有机液体的NSPS规则	
	新源	1	40 CFR 60 分节 K 或Ka部分:石油液体储存的NSPS规则	40 CFR 63 分节 CC 部分：石油炼化企业NESHAP规则，参考40 CFR 63	
			40 CFR 60 分节 Kb 部分：挥发性有机液体的NSPS规则		
		2	40 CFR 60 分节 K或Ka部分：石油液体储存的NSPS规则	40 CFR 60 分节 K 或Ka部分:石油液体储存的NSPS规则	
废水	新源/现源	1	40 CFR 61 分节 FF 部分:苯废物操作NESHAP（BWON）	40 CFR 61 分节 FF部分:苯废物操作 NESHAP（BWON）	
			40 CFR 60 分节 QQQ部分：仅石油炼化企业废水系统VOC排放NSPS	40 CFR 63 分节 CC 部分：石油炼化企业NESHAP	
		2	40 CFR 60 分节 QQQ部分：仅石油炼化企业废水系统VOC排放NSPS	40 CFR 60 分节 QQQ部分：仅石油炼化企业废水系统VOC排放NSPS	

源项种类	源项类型	源项所属组	现存的规则	必须执行的规则	注释
废水	新源/现源	1/2	CFR 63 分节 G 部分：SOCMI 工艺排放口、储罐、迁移操作及废水的 NESHAP	40 CFR 63 分节 G 部分：63.133—63.137 与 63.140	适用于储蓄和运输废水时所用的设备
				40 CFR 61 分节 FF 部分及 40 CFR 63 分节 G 部分：63.138—63.139	适用于废水的处理和控制
				40 CFR 63 分节 G 部分：63.143—63.148	适用于设备的监测、检查、报告及记录保留的要求
				40 CFR 63 分节 G 部分：63.133—63.148 与 63.151—63.152	仅遵守 G 部分的要求
汽油装车站台	新源/现源	N/A	40 CFR 63 分节 R 部分：汽油分装设配 NESHAP	40 CFR 63 分节 CC 部分：石油炼化企业的 NESHAP 规则，参考 40 CFR 63 分节 R 部分	
	新源	N/A	40 CFR 60 分节 XX 部分：大量汽油码头的新源标准	40 CFR 63 分节 CC 部分：石油炼化企业的 NESHAP 规则，参考 40 CFR 63 分节 R[1] 部分	
设备泄漏环节	现源	N/A	40 CFR 60 分节 VV 部分：设备泄漏环节 NSPS；40 CFR 63 分节 H 部分：HON 设备泄漏环节	40 CFR 63 分节 CC 部分：石油炼化企业的 NESHAP 规则，参考 40 CFR 63 分节 H 部分；40 CFR 60 分节 VV 部分：设备泄漏环节 NSPS	新建石油炼化企业 NESHAP 允许现源业主和操作者在两个规则中选择
	新源	N/A	H 部分：HON 设备泄漏环节	40 CFR 63 分节 CC 部分：石油炼化企业的 NESHAP 规则，参考 40 CFR 63 分节 H 部分	新源与现源不同，新源没有任何选择

注：1. 要求反映了 40 CFR 63 分节 H 部分在 1998 年 8 月 18 日所作的修订。更多信息见附录 G。

结论

本章讨论了 MACT 标准与现存规则之间的相互关系。如前所述，MACT 标准与某些要求（对储罐、废水、汽油装车站台、装船环节及设备泄漏环节的要求）有重叠之处。各种工艺装置的排放口是唯一一类没有现存要求的排放点，因此与 MACT 标准没有重叠。本章也描述了要求石油炼化企业遵守的其他美国联邦标准，这些标准可以作为 MACT 标准的参考。

附录 A 有毒有害空气污染物（HAPs）

化学名称	CAS 代码	化学名称	CAS 代码
乙醛	75070	氯醋酸	79118
乙酰胺	60355	氯苯乙酮	532274
乙腈	75058	2-氯苯	108907
乙酰苯	98862	二氯二苯乙醇酸乙酯	510156
2-乙酰氨基芴	53963	氯仿	67663
丙烯醛	107028	氯氨苯醇	107302
丙烯酰胺	79061	氯丁二烯	126998
丙烯酸	79107	甲酚酸（异构体和混合物）	1319773
丙烯腈	107131	邻甲酚	95487
丙烯基氯	107051	间甲酚	108394
4-氨基联苯	92671	对甲酚	106445
苯胺	62533	异丙基苯	98828
邻甲氧基苯胺	90040	2,4-D 盐和酯	94757
石棉	1332214	DDE	3547044
苯（含汽油产生的苯）	71432	重氮甲烷	334883
对二氨基联苯	92875	氧化芴	132649
三氯甲苯	98077	1,2-二溴-3-氯丙烷	96128
苄基氯	100447	邻苯二甲酸二丁酯	84742
联苯	92524	1,4-二氯苯	106467
双（2-乙基已基）磷酸酯	117817	3,3-二氯苯酚油	91941
双（氯甲基）醚	542881	二氯乙基醚［双（2-氯乙基）醚］	111444
三溴甲烷	75252	1,3-二氯丙烯	542756
1,3-丁二烯	106990	敌敌畏	62737
氰氨钙	156627	二乙醇胺	111422
克菌丹	133062	*N,N*-二乙基苯胺（*N,N*-二甲基苯胺）	121697
胺甲萘	63252	硫酸二乙酯	64675
二硫化碳	75150	3,3-二甲氧基联苯胺	119904
四氯化碳	56235	二甲基氨基偶氮苯	60117
氧硫化碳	463581	3,3-二甲基对二氨基联苯	119937
儿茶酚	120809	二甲基氨基甲酰氯	79447
草灭平	133904	二甲基甲酰胺	68122
氯丹	57749	1,1-二甲基联氨	57147
氯气	7782505	邻苯二甲酸二甲酯	131113

化学名称	CAS 代码	化学名称	CAS 代码
硫酸二甲酯	77781	甲氧氯	72435
4,6-二硝基邻甲酚及盐	534521	乙氰（溴化甲烷）	74839
2,4-二硝基酚	51285	氯甲烷（氯甲）	74873
2,4-二硝基甲苯	121142	三氯乙烷（1,1,1-三氯乙烷）	71556
1,4-二氧杂环己烷（二噁烷）	123911	丁酮（2-丁酮）	78933
1,2-二苯肼	122667	甲基肼	60344
表氯醇（1-氯-2,3-环氧丙烷）	106898	碘钾烷（碘代甲烷）	74884
1,2-氧化丁烯	106887	甲基异丁基酮（异己酮）	108101
丙烯酸乙酯	140885	异氰酸甲酯	624839
苯乙烷	100414	甲基丙烯酸甲酯	80626
氨基甲酸甲酯（氨基甲酸乙酯）	51796	甲基叔丁基醚	1634044
氯乙烷（乙基氯）	75003	4,4-亚甲基双（2-氯苯胺）	101144
二溴化乙烯（二溴乙烷）	106934	二氯甲烷（二氯氰酸酯）	75092
二氯化乙烯（1,2-二氯乙烷）	107062	二苯甲烷二异氰酸酯（MDI）	101688
乙二醇	107211	4,4-二胺基二苯甲烷	101779
吖丙啶（环乙亚胺）	151564	萘	91203
环氧乙烷	75128	硝基苯	98953
亚乙基硫脲	96457	4-硝基联苯	92933
甲乙基二氯（1,1-二氯乙烷）	75343	4-硝基酚	100027
甲醛	50000	2-硝基丙烷	79469
七氯	76448	*N*-亚硝基-*N*-甲脲	694935
六氯苯	118741	二甲基亚硝胺	62759
六氯丁二烯	87683	*N*-亚硝基吗啉	59892
六氯代环戊二烯	77474	对硫磷	56382
六氯乙烷	67721	五氯硝基苯	82688
环己-1,6-二异氰酸酯	822060	五氯苯酚	87865
六甲基磷酸酰胺	680319	酚	108952
环己烷	110543	对二苯胺	106503
肼	302012	光气	75445
盐酸	7647010	磷化氢	7803512
氟化氢（氢氟酸）	7664393	磷	7723140
对苯二酚	123319	邻苯二甲酸酐	85449
异佛尔酮	78591	多氯化联苯（氯化二苯）	1336363
林丹（全部异构体）	58899	1,3-丙磺酸内酯	1120714
马来酸酐	108316	*β*-丙内酯	57578
甲醇	67561	丙醛	123386

化学名称	CAS 代码	化学名称	CAS 代码
残杀威（杀虫剂）	114261	乙酸乙烯酯	108054
氯化丙烯（1,2-二氯丙烷）	78875	溴代乙烯	593602
环氧丙烷	75569	氯乙烯	75014
1,2-丙烯亚胺(2-甲基环己亚胺)	75558	1,1-二氯乙烯	75354
喹啉	91225	二甲苯（异构体及混合物）	1330207
醌	106514	邻二甲苯	95476
苯乙烯	100425	间二甲苯	108383
氧化苯乙烯	96093	对二甲苯	106423
2,3,7,8-四氯二苯并二噁英	1746016	锑合物	0
1,1,2,2-四氯乙烷	79345	砷化合物（无机包括三氢砷）	0
四氯乙烯（全氯乙烯）	127184	铍化合物	0
四氯化钛	7550450	钙化合物	0
甲苯	108883	铬化合物	0
2,4-甲苯二胺	75807	钴化合物	0
2,4-甲基二异氰酸盐	584849	焦炉排放物	0
邻甲苯胺	95534	氰化合物[1]	0
毒杀芬（杀虫剂）	8001352	乙二醇醚[2]	0
1,2,4-三氯代苯	120821	铅化合物	0
1,1,2-三氯乙烷	79005	锰化合物	0
三氯乙烯	79016	汞化合物	0
2,4,5-三氯酚	95954	精细矿物质纤维[3]	0
2,4,6-三氯酚	88062	镍化合物	0
三乙胺	121448	多环有机物[4]	0
氟乐灵	1582098	放射性物质（包括氡）[5]	0
2,2,4-三甲基戊烷	540841	硒化合物	0

注：对于表格中含有“化合物”一词的物质及乙二醇醚，具体用法如下：如没有特殊情况，含有化学名称的专有化学物质（如锑、砷等）都可能作为化学药品基本结构的一部分。

1. X′CN 里有 X=H′或任何官能团，分子式形式都有可能解体。如 KCN 或 $Ca(CN)_2$。

2. 包括 1 或 2 醚或乙烯醇，二次乙基醇及三乙基醇。$R\text{-}(OCH_2CH_2)_n\text{-}OR'$，$n$=1，2 或 3；R=烷基或芳基官能团；R′=R，H 或官能团，当去掉此官能团时，生成乙醇醚。聚合物不包括在乙醇类别之内。

3. 包括来自设备制造或玻璃加工、岩石加工，平均直径 1 mm 或更小的矿渣纤维（或矿渣产生的纤维）的矿质纤维排放。

4. 包括多环苯环有机物质，它们的熔点高于或等于 100℃。

5. 原子能的一种，自然地进行放射性衰变。

附录B 有机有毒有害空气污染物（有机HAPs）

化学名称	CAS代码
苯	71432
联苯	92524
1,3-丁二烯	10990
二硫化碳	75150
氧硫化碳	463581
甲酚（多种异构体）	1319773
间甲酚	108394
邻甲酚	95487
对甲酚	106445
异丙基苯	98828
1,2-二溴乙烷（二溴化乙烯）	106934
1,2-二氯乙烯	107062
二乙醇胺	111422
乙烯	100414
乙二醇	107211
正己烷	110543
甲醇	67561
甲基乙基酮（2-丁酮）	78933
甲基异丁基酮（异己酮）	107101
甲基叔丁基醚	1634044
萘	91203
酚	108952
甲苯	108883
2,2,4-三甲基戊烷	540841
二甲苯（多种异构体）	1330207
间二甲苯	108383
邻二甲苯	95476
对二甲苯	106423

附录C 受标准影响的美国石油炼化企业名录

机构名称	所在城市	隶属州	1994年生产能力[1]
美国阿拉斯加州特索罗石油	基奈	阿拉斯加州	72 000
美国阿拉斯加阿科有限公司	Kuparuk	阿拉斯加州	12 000
中美管道有限公司	北极	阿拉斯加州	128 200
佩特罗星有限公司	北极	阿拉斯加州	10 000
美国阿拉斯加阿科有限公司	普拉德霍湾	阿拉斯加州	15 000
佩特罗星有限公司	瓦尔迪兹	阿拉斯加州	26 300
沿海墨尔比炼油公司	奇客索/墨尔比	阿拉巴马州	16 500
壳牌石油产品公司[2]	萨拉兰	阿拉巴马州	76 000$^+$
亨特炼油公司	塔斯卡卢萨县	阿拉巴马州	33 500
莱昂石油公司	沙尔瓦多	阿肯色州	51 000
十字石油及炼制公司	斯马克佛	阿肯色州	6 200
贝里石油公司	史蒂芬	阿肯色州	6 700
美国阿拉斯加阿科有限公司		加利福尼亚州	10 000$^+$
克恩石油炼制公司	贝克斯菲尔德		21 400
圣华金炼油公司	贝克斯菲尔德	加利福尼亚州	24 300
绅浪炼油公司	贝克斯菲尔德	加利福尼亚州	121 000
德士古炼油及销售公司	贝克斯菲尔德	加利福尼亚州	56 000
埃克森公司		加利福尼亚州	128 000
亨特炼油公司		加利福尼亚州	8 600
雪佛龙美国产品公司	塞贡多	加利福尼亚州	230 000
大西洋里奇菲尔德公司	卡森	加利福尼亚州	255 000$^+$
加州联合石油公司	洛杉矶/威尔明	加利福尼亚州	118 750$^+$
壳牌马丁内斯炼油公司	马丁内斯	加利福尼亚州	148 900
油页岩公司	马丁内斯	加利福尼亚州	160 000
维特科化学公司	奥伊尔代尔	加利福尼亚州	0
滕比公司	奥克斯纳德	加利福尼亚州	4 000
派拉蒙石油公司	派拉蒙	加利福尼亚州	46 500
雪佛龙美国产品公司	里奇满	加利福尼亚州	230 000
圣玛丽炼油公司[3]	圣玛丽	加利福尼亚州	10 000$^+$

机构名称	所在城市	隶属州	1994 年生产能力[1]
加州联合石油公司	圣玛丽	加利福尼亚州	103 645^{+}
伦迪撒加德公司	南盖特	加利福尼亚州	8 100
莫比尔石油油公司	威尔明	加利福尼亚州	130 000
Huntway 炼油公司	威尔明	加利福尼亚州	5 500
德士古炼油及销售公司	科莫斯城	科罗拉多州	64 000
海外公司	丹佛		68 000
大陆石油公司	特拉华州	特拉华州	57 500
石油公司[4]		佐治亚州	28 000^{+}
星公司	萨瓦那	佐治亚州	140 000
扬炼油公司		夏威夷州	5 540
海湾沥青炼油公司	巴伯斯角	夏威夷州	28 000
澳大利亚布洛肯山控股夏威夷公司	蓝岛	伊利诺伊州	93 500
雪佛龙美国产品公司	哈特福德	伊利诺伊州	54 000
克拉克石油及炼制公司	乔利埃特	伊利诺伊州	80 515
克拉克石油及炼制公司	劳伦斯维尔	伊利诺伊州	62 500
墨尔比石油公司	莱蒙特	伊利诺伊州	188 000
印度联合炼油公司	罗宾逊	伊利诺伊州	80 750
Uno-Ven 公司	伍德里弗	伊利诺伊州	147 000
马拉松石油公司	克莱顿	伊利诺伊州	175 000
壳牌伍德里弗炼油公司[5]	伍德里弗	伊利诺伊州	271 000^{+}
克莱顿炼油公司	克莱顿	印第安纳州	11 100
Countrymark 联合公司	佛农山庄	印第安纳州	22 000
美国石油公司	怀挺	印第安纳州	410 000
农田工业公司	科菲维尔	堪萨斯州	68 600
德士古炼油及销售公司	埃尔多拉多	堪萨斯州	94 600
国家联合炼油协会	佛森	堪萨斯州	75 600
阿什兰石油公司	拉塞尔/卡特莱茨堡		213 400
萨默赛特炼油公司	萨默赛特	肯塔基州	5 500
埃尔森公司	巴吞吐日	路易斯安那州	424 000
BP 勘探及石油公司	贝尔萨斯	路易斯安那州	231 500
墨菲尔石油公司	沙尔梅特	路易斯安那州	170 000
卡纳尔炼油公司	彻奇波因特	路易斯安那州	9 500

机构名称	所在城市	隶属州	1994 年生产能力[1]
星公司	康文特	路易斯安那州	225 000
Calumet 润滑油公司	卡顿瓦利	路易斯安那州	7 800
马拉松石油公司		路易斯安那州	255 000
Basis 石油公司[6]	克罗茨斯普林斯	路易斯安那州	67 100
卡尔克苏炼油公司	莱克查尔斯	路易斯安那州	12 500
海湾石油公司	莱克查尔斯	路易斯安那州	305 000
美国国际炼油公司[7]	莱克查尔斯	路易斯安那州	27 600+
Cit-Con 石油公司	莱克查尔斯	路易斯安那州	7 350
墨菲石油美国公司		路易斯安那州	100 000
壳牌诺科炼油公司	诺科	路易斯安那州	215 000
普拉西德炼油公司	埃伦港	路易斯安那州	48 500
Calumet 润滑油公司	普林斯顿	路易斯安那州	8 200
宾夕法尼亚石油公司 阿拉斯加分公司	什里夫波特	路易斯安那州	46 200
壳牌化学公司[8]	罗斯	路易斯安那州	40 000+
大陆石油公司	韦斯特莱克	路易斯安那州	191 000
莱克赛德炼油公司	卡拉马祖	密歇根州	5 600
总石油公司	阿尔玛	密歇根州	45 600
马拉松石油公司	底特律	密歇根州	70 000
科赫炼油公司	罗斯蒙特	明尼苏达州	230 000
阿什兰石油公司	圣保罗公园	明尼苏达州	67 100
邵斯兰石油公司		密西西比州	5 800
雪佛龙美国产品公司	帕斯卡古拉	密西西比州	295 000
邵斯兰石油公司	桑德斯维尔	密西西比州	11 000
尔冈公司	维克斯堡	密西西比州	23 000
大陆石油公司	比林斯	蒙大拿州	49 500
埃克森公司	比林斯	蒙大拿州	44 000
蒙大纳炼油公司	大瀑布城	蒙大拿州	7 000
Cenex	劳雷尔	蒙大拿州	41 450
美国石油公司	曼丹	北达科他州	58 000
美国油页岩公司[9]	林登	新泽西州	240 000+
Citgo 沥青炼油公司	保罗斯伯勒	新泽西州	40 000
墨尔比石油公司	保罗斯伯勒	新泽西州	126 000

机构名称	所在城市	隶属州	1994 年生产能力[1]
雪佛龙美国产品公司	珀斯安博伊	新泽西州	80 000
阿拉美达赫斯公司	雷丁	新泽西州	0
沿海伊格尔波因特石油公司	韦斯特维尔	新泽西州	125 000
纳瓦霍炼油公司	阿蒂西亚	新墨西哥州	57 000
Giant 炼油公司[10]	布卢姆菲尔德	新墨西哥州	16 800⁺
Giant 炼油公司	盖洛普	新墨西哥州	20 800
石油资源炼制合作公司	伊格尔普林斯顿	内华达州	7 000
阿什兰石油公司	坎顿	俄亥俄州	66 000
BP 石油公司	利马	俄亥俄州	161 000
BP 石油公司		俄亥俄州	136 000
Sun 炼油及销售公司[11]	托莱多	俄亥俄州	125 000⁺
道达尔石油公司	阿德莫尔	俄克拉荷马州	68 000
大陆石油公司	彭加	俄克拉荷马州	140 000
辛克莱石油公司	塔尔萨	俄克拉荷马州	54 000
Sun 炼油及销售公司	塔尔萨	俄克拉荷马州	85 000
加里威廉斯公司[12]	温尼伍德	俄克拉荷马州	45 000⁺
雪佛龙美国产品公司[13]	波特兰	俄勒冈州	15 000⁺
维特科化学公司	布拉德福德	宾夕法尼亚州	10 000
Sun 炼油及销售公司	马库斯胡克	宾夕法尼亚州	175 000
Sun 炼油及销售公司	费城-吉拉德 Pt[14]	宾夕法尼亚州	177 000⁺
Sun 炼油及销售公司	费城-Pt 布里斯[15]	宾夕法尼亚州	130 000⁺
宾州石油公司	劳斯维尔	宾夕法尼亚州	15 700
联合炼油公司	沃伦	宾夕法尼亚州	60 000
中美管道石油公司	孟斐斯	田纳西州	89 000
普赖德公司 L P	艾比利尼	得克萨斯州	42 750
雪佛龙公司美国	贝敦	得克萨斯州	396 000
墨尔比石油公司	博蒙特	得克萨斯州	315 000
菲纳石油及化学品公司	比格斯普林	得克萨斯州	55 000
菲利普斯石油公司	博格	得克萨斯州	110 000
豪厄尔烃及化学品公司	钱纳尔维尤	得克萨斯州	1 400
海湾石油公司[16]	卡里塔斯·克里斯蒂	得克萨斯州	130 000⁺
沿海炼油及销售公司	卡里塔斯·克里斯蒂	得克萨斯州	95 000
科赫炼油公司	卡里塔斯·克里斯蒂	得克萨斯州	255 000

机构名称	所在城市	隶属州	1994 年生产能力[1]
耐斯特石油服务公司	卡里塔斯·克里斯蒂	得克萨斯州	27 000
瓦莱罗炼油公司	卡里塔斯·克里斯蒂	得克萨斯州	29 900
迪尔帕克炼油联合有限公司	迪尔帕克	得克萨斯州	215 900
雪佛龙产品公司	埃尔帕索	得克萨斯州	87 000
Basis 石油公司[17]	休斯敦	得克萨斯州	676 00+
Lyondell-海湾炼油公司	休斯敦	得克萨斯州	265 000
壳牌敖德萨炼油公司	敖德萨	得克萨斯州	28 600
Crown Central 石油公司	帕萨迪娜	得克萨斯州	100 000
克拉克石油及炼制公司[18]	阿瑟港	得克萨斯州	185 000+
菲娜石油及化学品公司	阿瑟港	得克萨斯州	175 000
星公司	亚瑟/内奇斯	得克萨斯州	235 000
Age 炼油及销售公司	圣安东尼奥	得克萨斯州	6 000
Diamond Shamrock 公司	三河城	得克萨斯州	
Diamond Shamrock 公司	Sunray（麦基）	得克萨斯州	132 000
菲尔普斯石油公司	威尼斯	得克萨斯州	185 000
美国石油公司	德克萨斯城	得克萨斯州	433 000
马拉松石油公司	德克萨斯城	得克萨斯州	70 000
Basis 石油公司[19]	德克萨斯城	得克萨斯州	125 400+
拉格洛里亚石油及天然气公司	泰勒	得克萨斯州	55 000
大西石油公司	盐湖城	犹他州	24 000
美国石油公司	盐湖城	犹他州	44 000
雪佛龙美国产品公司	盐湖城	犹他州	45 000
Crysen 炼油公司	伍兹-克罗斯	犹他州	12 500
菲尔普斯石油公司	伍兹-克罗斯	犹他州	25 000
美国石油公司	约克镇	弗吉尼亚州	53 000
维尔克群岛赫斯公司	圣可鲁斯	维尔京群岛	505 000
壳牌阿纳科特斯炼油公司[20]	阿纳科特斯	华盛顿州	108 200+
德士古炼油及销售公司	阿纳科特斯	华盛顿州	136 000
大西洋里奇菲尔德公司	芬代尔	华盛顿州	189 000
油页岩公司	芬代尔	华盛顿州	95 000
雪佛龙美国产品公司[21]	西雅图	华盛顿州	0+
Sound 炼油公司	塔科马	华盛顿州	11 900
美国石油及炼油公司	塔科马	华盛顿州	32 400

机构名称	所在城市	隶属州	1994 年生产能力[1]
墨菲石油美国公司	苏必利尔	威斯康星州	33 200
佳格-斯泰特石油炼制公司	纽厄尔	西弗吉尼亚州	11 500
弗兰蒂尔石油炼制公司	怀俄明州	怀俄明州	38 670
小亚美利加石油炼制公司	埃文斯维尔/卡斯伯	怀俄明州	24 500
怀俄明州石油炼制公司	纽卡斯尔	怀俄明州	12 555
辛克莱石油公司	辛克莱	怀俄明州	54 000

注：1. “生产能力”的单位为桶/d［一桶=42 gal（美）=159 L］。从报告 1 中提取的数据-石油炼制比较概述。美国 EPA 地区或州评论家，区域评论性草案，1996 年 10 月 25 日。“+”表示装载容量。数据摘自石油及天然气杂志，1996 年 12 月 23 日，85-94 页。

2. 前 LL&E 石油销售。

3. 前大陆石油公司。

4. 前科罗拉多州炼油公司。

5. 可能与位于罗克萨那伍德里弗壳牌石油公司相同。

6. 前菲利普兄弟能源美国公司。

7. 租赁金线炼油有限公司。

8. 前罗斯炼油公司。

9. 前 Bayway 炼油公司。

10. 前布卢姆菲尔德炼油公司。

11. 同 Sun 公司。

12. 同克尔-麦吉炼油公司。

13. 同雪佛龙美国公司。

14. 事先与波因特布里斯石油炼制公司合并。

15. 事先与吉拉德波因特石油炼制公司合并。

16. 同海湾炼油及化学品公司。

17. 前菲尔普斯石油美国公司。

18. 前雪佛龙美国公司。

19. 前 Diamond Shamrock 公司，位于三河，得克萨斯州。

20. 前壳牌石油公司。

21. 同雪佛龙美国公司。

附录 D 石油炼化企业 MACT 标准导则文件附加资料

互联网上可得到的文件/报告：

清洁空气法案标记规则

网址：134.67.104.12/html/caa/rules.htm，包括《清洁空气法》的压缩文件夹。

部门记事簿：石油炼制工业简介

美国 EPA 规则办公室，1995 年 9 月，http：//es.inel.gov/。

记事簿中提供了关于石油炼制工业的通用信息。包括：工业加工、化学释放和转移文件及污染防治的时机。报告也总结了相应的联邦法规和规则，提供了执行及强制执行的历史，提出了合规保证和行业倡议。

气体毒物规定：石油炼制

石油炼制工业最终有毒气体规则，1995 年 7 月 28 日，www.epa.gov/oar/oaqps/airtox/fsrefine.html。

此文件是美国 EPA 为减少有毒气体排放而发布的最终法案。文件中讨论了新规则的健康程度和环境效益及规则在工业中的灵活性。提供了背景及成本信息，讨论了受有毒气体影响者，包括情况说明书。

气体设施分系统（AFS 数据）-USA 排放等级报告-VOC

网址：www.epa.gov/airs/afsd-voc.html。

1997 年 2 月 28 日，本报告列出了美国 100 个最大的 VOC 排放静止源项。

气体设施分系统（AFS 数据）-USA 排放等级报告-CO

网址：www.epa.gov/airs/afsd-co.html。

1997 年 2 月 28 日，本报告列出了美国 100 个最大的 CO 排放静止源项。

国家环境空气质量标准（NAAQS）

网址：www.epa.gov/airs/criteria.html。

文件列举了 EPA 针对 6 种主要污染物质的国家标准集，这六种物质称为“标准”污染物质。

EPA 生产许可程序——信息

网址：www.epa.gov/oar/oaqps/permits/。

提供了一种收集适用于所有气体源项的联邦、州及地方的要求。回答了一些问题，如：要求是什么？已经准备了哪些指导？谁负责执行许可程序？州和地方许可局哪一个是认可单位？接下来还会发生哪些变化？

加拿大的自然环境

网址：www.ns.doe.ca/soe/ch4-31.html。

大西洋区域报告中的环境状况。描述了石油炼化企业的工艺释放并提供了石油炼化企业气体排放数据。

运输及分析中心

网址：www-cta.ornl.gov/data/tedb15/tab21.htm。

包括表格：一桶原油的石油产品生产表，1978—1993（a）。

网页

U. S. EPA 空气和辐射办公室（OAR）

OAR 主页

网址：www.epa.gov/oar/。

包括防治和空气有毒物质的信息。列举了出版物、规则和资源。提供了检索工具。

OAR 规则

网址：www.epa.gov/oar/oarregul.html。

包含《清洁空气法》文件、《清洁空气法》生产许可程序、臭氧消耗规则，空气质量和标准办公室（OAQPS）空气规则—时间表、有毒物质规则-情况说明书的相关信息，还包括在线联邦注册。

OAR 资源

网址：www.epa.gov/oar/oarrsrc.html。

列举了不同的服务、网络、网页、资料库、软件及有用的联系。

U.S. EPA 空气质量和标准办公室（OAQPS）

转移技术网络 2000（TTN2000）主页

网址：www.epa.gov/oar/ttn_bbs.html。

提供了使用不同电子公告版的一个途径，此系统含有关于空气污染科学、技术、规则、测量和防治的多方面信息。为用户和美国 EPA 职员提供一个技术信息和想法的交流平台。包括的工具有：①估计空气污染物质排放量；②下载计算机法规用于规则的模型；③阅读《清洁空气法》的摘要和详细内容；④寻找空气污染培训机构提供的课程；⑤寻找执行空气污染程序的技术支持。

统一的空气有毒物质网页——主页

网址：www.epa.gov/oar/oaqps/airtox/。

包括基础事实、美国 EPA 法规总结、污染物质及污染物质源项的相关信息、技术资源、美国 EPA 项目和联系方式及州和当地的程序。

统一的空气有毒物质网页——污染物质和源项

网址：www.epa.gov/oar/oaqps/airtox/pollsour.html。

提供了美国 EPA 规定的 188 种有毒空气污染物质，定义了污染物质源项的种类，给出了 174 类排放有毒气体污染物的工业及商业源项。

统一的空气有毒物质网页——EPA 项目

网址：www.epa.gov/oar/oaqps/airtox/epaprogs.html。

描述了如下 3 个项目：危险气体污染物重要执行计划，国家有毒有害空气污染物排放标准（NESHAP），最大可达控制技术标准（MACT）。

出版物

网址：www.epa.gov/oar/oaqps/publicat.html。

包括空气质量及排放趋势报告，简报，情况说明书及评估空气污染物暴露的各种导则。

美国石油协会（API）

网址：www.api.org/。

代表国家石油和天然气工业，包括工业数据，关于石油工业的事实及出版物，如：石油工业生产中氮氧化物的排放，1979 年 10 月；石油排放因子信息检索系统（PEFIRS），1993 年 7 月；石油源项排放的二氧化碳的成本效率，1991 年 7 月；环境规则信息的电子交换：一种推荐的方法，1995 年 8 月。

API 中许多有用文件中有一个是对美国石油协会石油炼化企业 MACT 规则讨论会的问题和答案的总结，1995 年 10 月 23—24 日。

附录E 定 义

受影响源（affected source）：石油炼化企业所有排放点的结合。每一个排放点都被看做是单一受影响源的一部分。

锅炉（boiler）：任何密闭的燃烧设备，它以蒸汽的形式提取有用能量，而不是焚化炉。

密闭排放口系统（closed vent system）：不对大气开放的系统，由管、管路系统连接构成。如果需要，流体引导设备可以运输天然气和水蒸气从一个排放点到一个控制设备或回到工业中。如果来自于控制设备的气体或水蒸气被引入一个工序中（如石油炼化企业燃料气系统），此工作不能称做密闭排放口系统，也不遵守密闭排放口系统规则。

燃烧设备（combustion device）：设备的一个独立单元，如火炬、焚化炉、工艺加热炉，或用于有机危险气体污染物燃烧的锅炉。

建造物（construction）：在当地组建、建立或安装的一个受影响源。

控制设备（control device）：用于再生、去除或氧化有机有毒有害污染物的设备。这样的设备包括但不仅限于吸收器、碳吸附器、冷凝器、焚化炉、火炬、锅炉及工艺加热炉。

表面连接装置控制（deck fitting control）：连接脖颈或浮顶罐灌顶的装置，包括开口、计量浮标及支撑塔器。安装此控制用以减小装置的蒸发损失。

双密封垫系统（double-seal system）：浮顶上有第一和第二密封垫。

停留时间（dwell time）：在反应装置中花费的时间（允许反应的发生）或在储罐内花费的时间。

平均排放（emissions averaging）：一种实现排放限值的方法，通过减少特定排放点的排放量到相关标准要求的限值以下，受影响源取得存入排放量，这些存入排放量用于抵消没有达到排放要求的那些点的排放量。

排放点（emission point）：一个独立的各种装置的排放口，储罐、废水或与石油炼制工艺装置相关的设备泄漏；一个独立的储罐或与大的汽油码头或管道泄漏站（SCI2911 中规定的）、汽油装车站台（分类见 SCI2911）或石油炼化企业中的装船环节相关的设备泄漏。

现源（existing source）：在 1994 年 7 月 14 日或之前开始建设的源项。

外浮顶（external floating roof）：一个浮舟类型或双型的套子，此套子位于没有固定顶的储罐或废水处理设施的液体表面。

燃烧室（firebox）：一个在里面燃烧的房间。

固定顶（fixed roof）：一个盖子，以静止的方式安装在储罐或废水处理设施上，不会随着液位的波动而移动。

火焰区域（flame zone）：锅炉的燃烧室的一部分，或火焰周围占用的工艺加热炉的一部分。

火炬（flare）：石油炼化企业中用于燃烧工艺装置产生的废弃的易挥发气体（如甲烷、乙烷、硫化氢）的设备。通过过量燃烧，火炬可以使气体在制造业中瞬间溢出。燃烧后，这些气体就可以转变成有用的化合物，直接排入大气中。

流量记录器（flow indicator）：一种计量正在流动的气体或将要流过阀门所在位置的气体的装置。

汽油（gasoline）：一种石油的馏出液或石油馏出液与乙醇的混合物质，其 Reid 蒸汽压高于 27.6 kPa，可作为内燃机的一种燃料。

有机有毒有害污染物（hazardous organic pollutant）或 HAP：《清洁空气法》112（b）及本手册附录 A 中所列的 188 种化学物质。

焚化炉（incinerator）：一种密闭的燃烧设备，用于分解有机化合物。能采用辅助燃料将废气加热到燃烧的温度。独立的能量回收部分紧接着燃烧部分，这两部分通过管道连接或通过运输烟气道连接。

内浮顶（internal floating roof）：位于或浮于储罐内部或带有永久固定顶的废水管理设备的液体表面（如果是全接触的则不需要）的盖子。

主要源项（major source）：每年可以排放 10 t 以上的 188 种危险空气污染物质中的一种，或每年可以排放 25 t 以上的 HAPs 总量的源项。

故障（malfunction）：一种突然的、少见的、不可预防的空气污染控制设备、工艺设备或在正常的或通用的方式操作下的工艺失败。由缺少维护或粗心的操作引起的失败不能认定为故障。

最大可达控制技术（maximum achievable control technology，MACT）：用于控制特定污染物达到气体排放可接受极限的技术。

最大真空压力（maximum true vapor pressure）：对储存温度高于或低于环境温度的液体，在其最高月平均值储存温度下，储存的液体产生的平衡分压力，或对储存在环境温度下的液体，在当地国家气象局报告的最大月平均温度下，储存液体产生的平衡分压力。

新源（new source）：1994 年 7 月 14 日之后开始建设的源项。

有机有毒有害空气污染物（organic hazardous air pollutant）或有机 HAPs（organic HAPs）：附录 B 中所列的 28 种有机化学物质。

初级密封垫（primary seal）：沿着浮顶罐壁，随着顶起落而滑行的密封垫。它封闭了顶和管壁之间的环形区域，可以由金属或聚合物制成。

工艺加热炉（process heater）：一个密闭的燃烧设备，此设备主要将燃料燃烧产生的热量转移用以处理水流或加热运输除水之外的液体。

工艺装置（process unit）：有管或管道组合及连接的设备，此设备用于加工原材料或中间材料，用于生产预期的产品。一个工艺装置包括任何相关的储罐，包括但不仅限于化学制造工艺装置及石油炼制工艺装置。

改扩建（reconstruction）：代替受影响源或以前未受影响的静止源项的一部分，已达到以下条件：

（1）新组成部分的固定资金成本超过建设一个同类新源的固定资金成本的 50%；

（2）依照《清洁空气法》112 章节，改扩建源可以满足管理者（或州）建立的相关标准，并在技术和经济上是可行的。

回收设备（recovery device）：设备的一个独立单元，此设备能够用于回收化学品以实现化学品的使用、再利用或销售。回收设备包括但不仅限于吸收器、碳吸附器及冷凝器。

二级密封垫（second seal）：提供另一个蒸发损失的密封垫，被安装在顶的边缘或初级密封垫正上方的罐壁上。

单密封垫系统（single-seal system）：配备一个连续密封垫的浮顶罐，此密封垫能够将储罐壁和浮顶边缘之间的空间完全覆盖。

总有机化合物或 TOC（total organic compound，TOC）：除甲烷和乙烷外，采用附录 A 中 40 CFR 60 的方法 18 中的步骤可以测量出的化合物。方法 25A 可以单独或结合方法 18 测量 TOC，具体参见 40 CFR 63.645。

附录F 石油炼化企业MACT标准规则清单

40 CFR 63分节 CC部分

2000年11月

Ⅰ 通用适用性

1．石油炼化企业是主要HAPs源项吗？ [] 每年能够排放10 t《清洁空气法》112（b）中所列188种HAPs中的一种污染物质 [] 每年能够排放25 t总体HAPs	是 [] 否 []
2．在作为主要的HAPs源项的石油炼化企业中，炼油工艺装置排放或含有下面28种有机HAPs中的一种吗？仅按照下面所列物质进行核对。 [] 苯　　[] 乙二醇 [] 联苯　　[] 正己烷 [] 1,3-丁二烯　　[] 甲醇 [] 二硫化碳　　[] 甲基乙基酮（2-丁酮） [] 氧硫化碳　　[] 甲基异丁基酮（异己酮） [] 甲酚（多种异构体）　　[] 甲基叔丁基醚 [] 间甲酚　　[] 萘 [] 邻甲酚　　[] 酚 [] 对甲酚　　[] 甲苯 [] 异丙基苯　　[] 三甲基戊烷 [] 1,2-二溴乙烷（二溴化乙烯）　　[] 二甲苯（多种异构体） [] 间二甲苯 [] 1,2-二氯乙烷　　[] 邻二甲苯 [] 二乙醇胺　　[] 对二甲苯 [] 乙苯	是 [] 否 []
3．下面的排放点是位于石油炼制工艺装置内部吗？请核对下面的排放点。 [] 含有20 μL/L总有机HAPs的各种装置的排放口 [] 储罐（压力罐及体积小于 m^3 的罐除外） [] 废水及处理操作 [] 含有或接触5%（按重量计）总有机HAPs液体的设备	是 [] 否 []
4．下面的排放点是位于作为主要源项的石油炼化企业中吗？请核对下面提供的排放点。 [] 装船环节操作 [] SCI2911中的汽油装车站台 [] 储罐及与SCI2911中大的汽油码头相关的设备泄漏	是 [] 否 []

Ⅱ 特定排放点的适用性

A．各种工艺装置的排放口 1．排放口是否含有浓度为 20 μL/L 有机 HAPs 的气体流，在正常生产期间，它是连续排放还是周期性排放？	是 [ ] 否 [ ]
2．排放口或气体流是下面其中的一个吗？请核对下面提供的描述。 [ ] 直接排入大气 [ ] 先排入控制设备内，再排入大气中 [ ] 转换成产品回收后，再排入控制设备或大气中 注：以上所列只是排放口或气体流的实例，不包括全部。	是 [ ] 否 [ ]
3．排放口或气体流是来自于下面所列项吗？请核对下面提供的项目。 [ ] 通入燃料气系统的气体流 [ ] 安全阀的排放 [ ] 40 CFR 63.648 规定中的设备泄漏 [ ] 偶然或非例行的释放，如维修或故障 [ ] 在线采样系统（流体分析器） [ ] 催化裂化装置催化剂再生排放口 [ ] 催化重整再生排放口 [ ] 硫磺回收装置排气口 [ ] 控制设备的排放口 [ ] 属于 40 CFR 63 分节 CC、G 或 FF 部分提及的废水处理系统中的任何一个汽提装置的排放口 [ ] 焦炭塔降压进入除焦阶段（包括切焦、冷焦、除焦及除焦后的测压阶段），出口压力在 15 镑/平方英寸（约 1.05 kg/cm^2）或以下时的焦化装置排放口 [ ] 储罐排放口 [ ] 废水收集和运输的排放 注：如果问题 3 的答案为“是”，那么各种装置的排放口规定不适用。	是 [ ] 否 [ ]
4．排放口或气体流是来自于下面所列项吗？请核对下面提供的项。 [ ] 碱洗储压罐　　[ ] 汽提塔上空 [ ] 蒸馏低级冷凝器/储压罐　　[ ] 真空贮气筒 [ ] 放空冷凝器/储压罐　　[ ] 延迟焦化排放口 [ ] 闪蒸罐/分离罐　　[ ] 反应器 [ ] 洗涤器上空 注：上面所列只是排放口或气体流产生位置的部分实例，不包括全部。	是 [ ] 否 [ ]
5．排放口与现源还是新源有关？ [ ] 现源 [ ] 新源 现源：1994 年 7 月 14 日或之前开始建设的源项。	

新源：1994 年 7 月 14 日之后开始建设的源项。在现源中建立的工艺装置，如果出现以下情况，须遵守新源要求：新建装置具有每年排放 10 t 或以上 HAPs 中一种物质的能力，或每年排放 25 t 或以上全部 HAPs 的能力。现源的改变和排放点的增加都要遵守现源标准，除非其为改扩建源项，要求遵守新源标准。	
现源： 6. 有机 HAPs 的浓度是 20 μL/L，总 VOC 排放量是 33 kg/d 吗？ 注：如果问题 6 的回答为“是”，那么其为“1 组”中各种工艺装置的排放口。如果回答为“否”，那么其为“2 组”中各种工艺装置的排放口。	是 [ ] 否 [ ]
新源： 7. 有机 HAPs 的浓度是 20 μL/L，总有机 VOC 排放量是 6.8 kg/d 吗？ 注：如果问题 7 的回答为“是”，那么其为“1 组”中各种工艺装置的排放口。如果回答为“否”，那么其为“2 组”中各种工艺装置的排放口。	是 [ ] 否 [ ]
B. 储罐 1. 储罐或槽是用来储蓄有机液体的吗？	是 [ ] 否 [ ]
2. 它是与交通工具，如卡车、货车、游艇或轮船永久相连的吗？	是 [ ] 否 [ ]
3. 它是设计操作压力超过 204.9 kPa、没有大气排放物的压力器吗？	是 [ ] 否 [ ]
4. 它的容积小于 40 m^3 吗？	是 [ ] 否 [ ]
5. 它是底部产品收集罐吗？	是 [ ] 否 [ ]
6. 它是废水储罐吗？	是 [ ] 否 [ ]
注：如果问题 2—6 的回答均为“是”，那么储罐规则不适用。	
7. 与现源还是新源相关罐？ [ ] 现源 [ ] 新源 现源：1994 年 7 月 14 日或之前开始建设的源项。 新源：1994 年 7 月 14 日之后开始建设的源项。在现源中建立的工艺装置，如果出现以下情况，须遵守新源要求：新建装置具有每年排放 10 t 或以上 HAPs 中一种物质的能力，或每年排放 25 t 或以上全部 HAPs 的能力。现源的改变和排放点的增加都要遵守现源标准，除非其为改扩建源项，要求遵守新源标准。	
现源： 8. 是容积大于等于177 m^3，且最大蒸汽压力大于等于10.4 kPa，且年平均蒸汽压力大于等于8.3 kPa，且年平均液态HAP含量大于4%（*m*/*m*）吗？ 注：如果问题 8 的回答为“是”，那么其为“1 组”中的储罐。如果回答为“否”，那么其为“2 组”中的储罐。	是 [ ] 否 [ ]

新源： 9．是容积大于等于 151 m^3，且最大蒸汽压大于等于 3.4 kPa，且年平均蒸汽压力大于等于 8.3 kPa），且年平均液态 HAP 含量大于 2%（*m*/*m*）吗？	是 [ ] 否 [ ]
10．是容积位于76 m^3和151 m^3之间，且最大蒸汽压力大于等于77 kPa，且年平均液态HAP含量大于2%（*m*/*m*）吗？	是 [ ] 否 [ ]
注：如果问题 9 或 10 的回答为“是”，那么其为“1 组”中的储罐。如果两个回答均为“否”，那么其为“2 组”中的储罐。	
C．废水 1．在生产和加工中，它是如下这些水或废水吗？ 是直接接触或生产中产生的或原料、中间产品、最终产物、副产物的使用产生的水，还是废水产品呢？ 是排入独立的排水系统吗？	是 [ ] 否 [ ] 是 [ ] 否 [ ]
2．石油炼化企业每年苯的总排放量负荷大于等于 10 t，流率大于等于 0.02 L/min，苯浓度大于 mg/kg，需要遵守 40 CFR 61 分节 FF 部分的控制要求吗？ 注：新源和现源的废水的适用性标准是相同的。如果问题 2 的回答为“是”，那么其为“1 组”中的废水。如果回答为“否”，那么其为“2 组”中的废水。	是 [ ] 否 [ ]
D．汽油装车站台 1．它是如下设备中的一个吗？此设备要求充满汽油货物罐。请核对下面给出的设备。 [ ] 负载臂　　[ ] 关闭阀 [ ] 泵　　[ ] 安全阀 [ ] 仪表　　[ ] 其他管线及阀	是 [ ] 否 [ ]
2．它是 SCI2911 中分类的汽油装车站台吗？	是 [ ] 否 [ ]
3．它具有 75 700 L/d（2 000 gal/d）的汽油生产能力吗？ 注：新源和现源的汽油装车站台的适用性标准是相同的。如果问题 3 的回答为“是”，那么其为“1 组”中的汽油装车站台。如果回答为“否”，那么其为“2 组”中的汽油装车站台。	是 [ ] 否 [ ]
E．装船环节 1．是否是将船上罐体中的有机液体装卸至陆地或海岸边的储存终端或装置？	是 [ ] 否 [ ]
2．装货的容器是与现源有关还是与新源有关？ [ ] 现源 [ ] 新源 现源：1994 年 7 月 14 日或之前开始建设的源项。 新源：1994 年 7 月 14 日之后开始建设的源项。在现源中建立的工艺装置，如果出现以下情况，须遵守新源要求：新建装置具有每年排放 10 t 或以上 HAPs 中一种物质的能力，或每年排放 25 t 或以上全部 HAPs 的能力。现源的改变和排放点的增加都要遵守现源标准，除非其为改扩建源项，要求遵守新源标准。	

现源： 3. 液体的蒸汽压力大于等于10.3 kPa，且HAP中的一种物质排放量大于9.1 t或全年HAP排放总量大于22.7 t吗？ 注：如果问题 3 的回答为“是”，那么其为“1 组”中的装船容器。如果回答为“否”，那么其为“2 组”中的装船容器。	是 [ ] 否 [ ]
新源： 4. 液体的蒸汽压力大于等于10.3 kPa吗？ 注：如果问题 4 的回答为“是”，那么其为“1 组”中的装船容器。如果回答为“否”，那么其为“2 组”中的装船容器。	是 [ ] 否 [ ]
F. 设备泄漏环节 1. 它是来自于废水系统排水、罐混合器或储罐上的采样阀的排放口吗？ 注：如果问题 1 的回答为“是”，那么设备泄漏的规定不适用。	是 [ ] 否 [ ]
2. 有机 HAPs 的排放量是来自于以下有机危险气体污染物质公共服务系统中吗？［设备含有或接触 5%（按重量计）总有机 HAPs 的液体］ 泵？ 压缩机？ 压力释放设备？ 采样连接系统？ 一端封闭阀或管线？ 阀？ 测量仪器系统？ 注：新源和现源的设备泄漏的适用性标准是相同的。 检查源注意：本清单中的适用性（普遍适用性及具体排放点的适用性）一节决定了石油炼化企业 MACT 标准是否适用于一个特定的石油炼化企业，是否适用于特定的排放点。除非特殊注明，均要求控制“1 组”中 MACT 标准适用所有排放点的排放量。如在检查指导中没有特殊标准，那么“2 组”中的排放点仅遵守记录保留要求。	是 [ ] 否 [ ] 是 [ ] 否 [ ] 是 [ ] 否 [ ] 是 [ ] 否 [ ] 是 [ ] 否 [ ] 是 [ ] 否 [ ] 是 [ ] 否 [ ]

III 遵守法规的最后期限

A. 所有新源 开工时，但不得晚于 1995 年 8 月 18 日，所有排放点都要遵守法规吗？	是 [ ] 否 [ ]
B. 现存各种工艺装置的排放口及汽油装车站台 1998 年 8 月 18 日开始，所有排放点都要遵守法规吗？	是 [ ] 否 [ ]
C. 现存废水 1. 1998 年 8 月 18 日开始，所有排放点都要遵守法规吗？	是 [ ] 否 [ ]

2. 所有废水都要遵守苯废操作 NESHAP（40 CFR 61 分节 FF 部分）吗？	是 [ ] 否 [ ]
D．现存储罐 1. 1998 年 8 月 18 日开始，所有固定顶储罐都要遵守法规吗？	是 [ ] 否 [ ]
2. 1999 年 8 月 18 日开始，必须更换的固定顶储罐都要遵守法规吗？	是 [ ] 否 [ ]
3. 2005 年 8 月 18 日开始，或 1998 年 8 月 18 日之后进行的下次预期维修及清空时，所有浮顶罐都要遵守法规吗？	是 [ ] 否 [ ]
E．装船环节操作 1. 1999 年 8 月 18 日开始，所有操作都要遵守法规吗？	是 [ ] 否 [ ]
2. 在平均排放的方法中，操作可以产生存入排放量吗？	是 [ ] 否 [ ]
如果是，从 1998 年 8 月 18 日开始，所有操作都要遵守法规吗？	是 [ ] 否 [ ]
如果从 1998 年 8 月 18 日开始，操作没有遵守法规，那么可以准许特殊的 1 年延长期吗？	是 [ ] 否 [ ]
F．设备泄漏 1. 从 1999 年 8 月 18 日开始，所有设备泄漏都要遵守法规吗？	是 [ ] 否 [ ]
2. 对符合 40 CFR 60 分节 VV 部分或 40 CFR 63 分节 H 部分的源项，在排放减量的 3 个阶段中，都要满足最后期限的规定吗？	是 [ ] 否 [ ]

Ⅳ 所有适用排放点的普通标准

A．性能检测 1．设备需要对所有 MACT 要求的污染控制设备进行初始性能检测吗？ （见第一部分适用性清单。如果污染控制设备是 MACT 标准中要求的，那么这些设备都要求进行初始性能检测。注意，浮顶罐或带有引入火焰区域的排放口的功率大于 44MW 的工艺加热炉不要求进行初始性能检测）。	是 [ ] 否 [ ]
2．初始性能检测经过美国 EPA 认证了吗？	是 [ ] 否 [ ]
3．在每次进行初始性能检测的前 30 天，设备通知规划局了吗？	是 [ ] 否 [ ]
4．检测是在最大正常操作负荷下进行的吗？	是 [ ] 否 [ ]
控制是在最大或最小检测参数正常生产条件下进行的吗，选择能产生更低的排放减量的条件［40 CFR 63.642（d）（3）］？	是 [ ] 否 [ ]

B．生产许可证 遵守该标准的源项的业主或操作者提供了一个一次性 70 条款或 71 条款相关机构颁发的操作许可证了吗？	是[] 否[]
C. 建设或改扩建许可申请 如果源项是一个新源或改扩建源，那么需要提交一份建设或改扩建许可的申请吗？	是[] 否[]
D. 符合规定状态报告（NCS） 1．设备必须在适用的规定最后期限的 150 天之内提交一份 NCS 报告吗，对 1998 年 8 月 18 日规则开始生效的“1 组”中的新排放点或浮顶罐来说，必须在下一阶段性报告中提交 NCS 报告吗？ （见第三部分适用规定最后期限的清单） 注意：NCS 报告可以作为独立报告，生产许可证申请可以作为许可证申请的补充。	是[] 否[]
2．报告识别出每个排放点及规定的方法吗？	是[] 否[]
3．报告包括如下内容： a)表明规定的单个排放点信息，如监测参数的范围[40 CFR 63.654（f）（1）和（f）（3）]？	是[] 否[]
b）连续监测系统性能评估结果［40 CFR 63.654（f）（4）］？	是[] 否[]
c）灵活生产装置、储罐及蒸馏装置规则适用性的确定，每年都不同吗［40 CFR 63.654（h）（6）］？*	是[] 否[]
4. 如设备需进行初始性能检测，那么必须提交一份针对所用的每个检测方法的实例的完整检测报告？ 注意：使用同一检测方法的其他检测，仅需提交附加检测的结果［40 CFR 63.654（f）（2）]。	是[] 否[]
E．周期报告 1. 6 个月报告期限内，有规定的例外发生吗？	是[] 否[]
a）如果是，那么设备需在 6 个月期限结束后的 60 天内必须提交周期报告。	是[] 否[]
b）如果设备使用平均排放的方法，则报告按季度提交［40 CFR 63.654（g)]。	是[] 否[]
2. 在上次 6 个月周期中，“1 组”中增加新排放点了吗？一个排放点从“2 组”改成“1 组”了吗？	是[] 否[]
如果是，在阶段性报告中包含 NCS 报告吗？	是[] 否[]
3. 在上次 6 个月周期中，浮顶罐符合规定了吗？	是[] 否[]

* 这个要求反映了 1998 年 8 月 18 日对 40 CFR 63 分节 CC 部分所作的修订，更多信息见附录 G。

如果是，在阶段性报告中包含 NCS 报告吗？	是 [ ] 否 [ ]
F. 开工，停工，故障方案及报告 1. 石油炼化企业中所有装置已经制定及执行一份开工、停工、故障方案了吗？ 注：废水处理装置除外。	是 [ ] 否 [ ]
a）如果是，那么故障方案描述开工、停工及故障期间，污染源项生产及维修的步骤了吗？	是 [ ] 否 [ ]
b）方案中还应包括故障修复活动的程序及达到相关标准所需的空气污染控制设备吗？ 注：美国 EPA 通常会定义故障为罕见的、不可预期的事件，美国 EPA 不允许设备在超期故障下运行。	是 [ ] 否 [ ]
2. 每次设备都需要准备一份开工、停工及故障报告吗？ a）用于生产的工艺装置操作开始了吗？	是 [ ] 否 [ ]
b）在维修、修理或设备更换中，工艺装置停止了吗？	是 [ ] 否 [ ]
c）工艺装置出故障了吗？	是 [ ] 否 [ ]
3. 故障的修复行为与开工、停工及故障方案一致吗？	是 [ ] 否 [ ]
a）如果是，那么在半年中报告提交了一份这种影响的阐述吗［40 CFR 63.10（d）（5）（1）］？	是 [ ] 否 [ ]
b）如果故障的修复行为与开工、停工及故障方案不一致，那么在故障发生期间内的阶段性报告中报告此行为了吗？* 注：如果在报告结束期间没有故障发生，那么就不需要提交开工、停工和故障报告。	是 [ ] 否 [ ]
G. 特殊情况的报告要求 设备试图采用非传统的工序（如 MACT 标准描述外的工序）或仪器去执行 MACT 标准吗？	是 [ ] 否 [ ]
如果是，那么设备需在现源规定日期前 18 个月内提交以下信息，或提交新源建设核准的申请吗？	是 [ ] 否 [ ]
1）监测一种具有配套支撑、非传统控制设施操作参数认定的申请了吗［40 CFR 63.654（h）（4）］？	是 [ ] 否 [ ]
2）用数据压缩系统代替小时记录认定的申请，含有支持的信息吗？	是 [ ] 否 [ ]
3）采用其他可选择监测方法的申请，含有支持的理由吗？	是 [ ] 否 [ ]
4）建立一种非传统的排放标准的申请，带有检测方案或检测及监测结果吗［40 CFR 63.6（g）（2）］？ 注：如果美国 EPA 发现这种非传统的标准等同于 MACT 标准，那么 EPA 将要征求公共	是 [ ] 否 [ ]

* 这个要求反映了 1998 年 8 月 18 日对 40 CFR 63 分节 CC 部分所作的修订，更多信息见附录 G。

意见并出版一个联合登记声明，允许该标准的运用。在进行检查之前，检查者要决定EPA最近是否采用了等同于MACT标准的非传统标准，此标准是设备打算执行的标准。）	
H. 规则延期申请 1. 在下面的时间内，设备要求一个规定的延期申请： a）至少在规定执行日期前12个月提出申请；	是[ ] 否[ ]
b）如果采用平均排放的方法，那就要求在18个月之前。 注：如果排放减量化提前实现或污染源项不执行相关标准，那么可能进行规定延期申请。	是[ ] 否[ ]
2. 如果设备提交了一份延期申请的请求，那么请求包括如下内容： a）控制设施安装的描述？	是[ ] 否[ ]
b）规定明细表？	是[ ] 否[ ]
c）临时排放控制步骤？	是[ ] 否[ ]
I. 性能检测弃权申请 1. 如果设备由于某种原因，如技术或经济上不可行，或其他原因，不能进行性能检测，已经要求规定延期了吗？	是[ ] 否[ ]
2. 如果是，设备已经向管理者提交一份性能检测弃权的申请了吗？	是[ ] 否[ ]
3. 此申请中包括证明此要求合理及详述不可行性的信息了吗[40 CFR 63.6（l）（2-3）]？	是[ ] 否[ ]
J. 记录保留 1. 石油炼化企业保留提交的报告、监测结果及其他记录至少5年了吗［40 CFR 63.6（l）（2-3）］？	是[ ] 否[ ]
2. 保留记录是为了在要求的24小时内就能够见到吗？不论记录是复印件还是计算机可读形式［40 CFR 63.642（e）］？	是[ ] 否[ ]
3. 如下记录必须保留在当地： a）每次事件，开工、停工及操作故障的持续时间，空气污染控制设备的记录[40 CFR 63.10（b）（2）（l-ii）］？	是[ ] 否[ ]
b）同开工、停工及故障方案一致及不一致行为的记录[40 CFR 63.10（b）（2）（iv-v）]？	是[ ] 否[ ]
c）连续监测系统定标检查记录（连续监测要求记录）［40 CFR 63.10（b）（x）］？	是[ ] 否[ ]
d）储罐记录［40 CFR 63.654（l）（1）］？	是[ ] 否[ ]
e）完整检测报告及性能检测结果［64.654（l）（2）］？	是[ ] 否[ ]
f）连续监测参数数值［40 CFR 63.654（l）（3）］？	是[ ] 否[ ]
g）其他许可证要求的记录？	是[ ] 否[ ]

V 各种工艺装置排放口的要求

A. 各种工艺装置排放口的控制要求 1. 源项是现源吗？排放口含有有机 HAPs 的浓度是 20 μL/L 或更多吗？总 VOC 排放量大于 33 kg/d 吗？	是 [ ] 否 [ ]
2. 源项是新源吗？排放口含有有机 HAPs 的浓度是 20 μL/L 或更多吗？总 VOC 排放量大于 6.8 kg/d 吗？	是 [ ] 否 [ ]
如果问题 1 或 2 的答案为“是”，设备需采用以下方式控制各种工艺装置的排放口： 使用火炬？	是 [ ] 否 [ ]
使用焚烧炉、锅炉、工艺加热炉或其他设备，使有机 HAPs 减量 98%或减少到 20 μL/L？	是 [ ] 否 [ ]
如果使用锅炉或工艺加热炉，那么排放口的气体流必须引入到控制设备中的火焰区域中或一定场所以实现排放减量？	是 [ ] 否 [ ]
B．各种工艺装置排放口的检测要求 1．初始性能检测 a）通入火炬的排放口 设备通过将排放口引入火炬或采用其他控制设备，控制各种工艺装置的排放口的排放量吗？	是 [ ] 否 [ ]
1）如果设备使用火炬，设备要对每个控制设备进行初始性能检测吗？	是 [ ] 否 [ ]
2）初始性能检测必须显示出火炬正在正常操作及排放速率不超过火炬的容量，用于控制排放量吗？	是 [ ] 否 [ ]
3）对引进火炬的排放口，初始性能检测要求测量如下内容： 排放的能见距离？	是 [ ] 否 [ ]
燃烧气体的净热当量？	是 [ ] 否 [ ]
燃烧气体的流速？	是 [ ] 否 [ ]
b）引入到焚烧炉、锅炉或小于 44 MW 的工艺加热炉的排放口 对引入到焚烧炉、锅炉或小于 44 MW 的工艺加热炉的排放口，排放口气体流不需要引入到锅炉或工艺加热炉的火焰区域，初始性能检测必须显示出与有机 HAPs 降低 98%或降到 20 μL/L 的要求相符吗［40 CFR 63.645 和 63.116 除了（d）和（e）］？	是 [ ] 否 [ ]
c）引入其他控制设备的排放口 设备通过什么措施控制各种装置排放口的排放量？ 1）排放口引入锅炉或大于等于 44 MW 的工艺加热炉？	是 [ ] 否 [ ]
2）排气口气流引入到锅炉或工艺加热炉的火焰区域？	是 [ ] 否 [ ]

3）要求进行初始性能检测的控制设备，如果工艺没有发生改变，此设备就要符合 NSPS 吗？	是 [ ] 否 [ ]
注：如果（a—c）中的任何一个问题的答案为“是”，那么这些工艺排放就不要求进行设备的初始性能检测。	
2．初始性能检测采样	
设备需根据规定的经美国 EPA 认证的方法，进行性能检测采样和分析吗？	是 [ ] 否 [ ]
3．工艺变更的下一步检测 设备上有工艺变更发生吗？	是 [ ] 否 [ ]
1）如果是，对影响“2 组”中工艺排放口的每个工艺变更，TOC 排放速率必须重新计算，用以判定该排放口是否仍是“2 组”中的工艺排放口或是否变成“1 组”中的排放口？	是 [ ] 否 [ ]
2）重新计算是以排放口气体流速和 TOC 测量结果为基础吗？其中气体流速和 TOC 测量结果规定用于初始性能检测或最好工程的评估活动？ 注：工艺变更包括但不仅限于生产能力的改变、生产速率的改变或催化剂类型的改变；任何时候的更换、去除或回收设备的增加及排除故障活动。 （工艺变更不包括工艺故障、意外的短暂工艺变更。变更是范围之内的变更，此范围是以原始计算为基础的。）	是 [ ] 否 [ ]
C．各种工艺装置排放口的监测要求 1．引入火炬的各种工艺装置的排放口 对引入火炬的各种工艺装置的排放口，监测设备具有连续检测引燃火焰存在的能力（包括但不仅限于热电偶、紫外传感器或红外传感器）吗？	是 [ ] 否 [ ]
2．引入除催化焚烧炉外的焚烧炉的各种工艺装置的排放口 对引入除催化焚烧炉外的焚烧炉的各种工艺装置的排放口，是采用带有连续记录系统的温度监测设备吗？	是 [ ] 否 [ ]
设备是位于在进行大量热交换前的燃烧室内或紧邻燃烧室下方布线管内的某个位置吗？	是 [ ] 否 [ ]
3．引入催化焚烧炉的各种工艺装置的排放口 对引入催化焚烧炉的各种工艺装置的排放口，是采用带有连续记录系统的温度监测设备吗？	是 [ ] 否 [ ]
设备是位于紧邻催化床层之前及之后的气体流内吗？	是 [ ] 否 [ ]
4．引入锅炉或带有设计输入电容小于 44 MW 的工艺加热炉的排放口，其中排放口气体不引入火焰区域 对引入锅炉或带有设计输入电容小于 44 MW 的工艺加热炉的排放口，其中排放口气体不引入火焰区域，是采用带有连续记录系统的温度监测设备吗？	是 [ ] 否 [ ]
监测设备是位于燃烧室内吗？ 注：锅炉或工艺加热炉不需进行监测。	是 [ ] 否 [ ]

5．带有旁路管线阀门且阀门还没被封闭或关死的排放口系统的石油炼化企业 对带有旁路管线阀门且阀门还没被封闭或关死的排放口系统的石油炼化企业，是否采用流量指示器？此流量指示器至少每4小时测量一次，用以检测是否存在排放口气体流。	是 [ ] 否 [ ]
该设备是位于任何一个旁路管线的入口处吗？该旁路管线能使排放口气体远离控制设备而排入大气中吗？	是 [ ] 否 [ ]
6．带有旁路管线排放口系统的石油炼化企业，管线阀关闭的位置已经被货车铅封或是锁形或钥匙形状的东西封死 对带有旁路管线排放口系统的石油炼化企业，且管线阀关闭的位置已经被货车铅封或锁形或钥匙形状的东西封死，至少每两个月进行一次直观检查吗，确保阀门是关死的，确保排放口气体没有流向旁路管线？	是 [ ] 否 [ ]
7．采用其他经过认证控制设备的石油炼化企业 对使用其他认证控制设备或要求监测其他参数的石油炼化企业，设备需要符合特定位置监测的要求吗？	是 [ ] 否 [ ]
D．各种工艺装置排放口的报告要求 1．符合规定状态报告 MACT标准影响的各种工艺装置的排放口 对MACT标准影响的各种工艺装置的排放口，石油炼化企业需要提交一份NCS报告，该报告要识别出如下内容： 1）每个排放口？	是 [ ] 否 [ ]
2）排放口是“1组”中的还是“2组”中的？	是 [ ] 否 [ ]
3）对“1组”中的不被包括在平均排放的方法之内的每个排放口，规定的方法（火炬或达到MACT标准要求的其他控制设备）[40 CFR 63.643（a）]？ 注：如果在初期或不同的时间，或以不同的提交方式，提交过所需的信息，那么最近的提交内容可以涉及以前提交的内容，但不是复制后重新提交以前提交过的信息。	是 [ ] 否 [ ]
4）对带有控制设备的各种工艺装置的排放口，其中，此控制设备是MACT标准中要求的，由于每次检测及每次所用检测方法的要求是不同的，所以NCS报告中有关于每次检测方法及性能检测结果的信息吗？	是 [ ] 否 [ ]
5）对采用的每个检测，NCS报告中包括以下检测结果： a）有机HAPs、TOC的减量百分比或有机HAPs、TOC的出口浓度（以干基体积μL/L计，精确至3%的氧），是根据 40 CFR 63.116（c）的规定测量的吗？	是 [ ] 否 [ ]
b）40 CFR 63分节CC部分中，表10中规定的监测参数数值，或许可局认证的现场特定参数数值，是整个性能检测期间的平均值吗？	是 [ ] 否 [ ]
6）对每个所用的检测方法，NCS中包括如下的支撑信息吗？ a）采样地点说明？	是 [ ] 否 [ ]
b）采样及分析步骤说明、标准步骤的修改？	是 [ ] 否 [ ]

c）质量保证程序？	是 [ ] 否 [ ]
d）检测期间操作条件记录？	是 [ ] 否 [ ]
e）标准准备记录？	是 [ ] 否 [ ]
f）校准记录？	是 [ ] 否 [ ]
g）野外采样的原始数据记录纸？	是 [ ] 否 [ ]
h）野外及实验室分析的原始记录纸？	是 [ ] 否 [ ]
i）计算记录？	是 [ ] 否 [ ]
j）任何检测方法所需的其他信息？	是 [ ] 否 [ ]
7）如果多个排放点进行同一种检测，设备需提交如下内容吗？ a）一份每个排放点所用的每个检测方法的完整检测报告？	是 [ ] 否 [ ]
b）采用同样检测方法的附加检测的报告？	是 [ ] 否 [ ]
8）带有火炬控制的各种工艺装置的排放口 a）对带有火炬控制的各种工艺装置的排放口，NCS 报告包括如下检测结果： 所有可见排放读数记录？	是 [ ] 否 [ ]
热含量测定？	是 [ ] 否 [ ]
流速测定？	是 [ ] 否 [ ]
出口速度测定［40 CFR 63.654（f）（1）（iv）（A）］？	是 [ ] 否 [ ]
b）对带有火炬控制的排放口，阐明火炬在整个规定判定期间是否存在火焰［40 CFR 63.654（f）（1）（iv）（B）］。	是 [ ] 否 [ ]
c）除火焰存在外，如果监测一个参数，该参数的可接受范围和此范围的理由（包括任何支持数据或计算结果）。 注：如果检测采用 40 CFR 63.654 中规定的方法，检测条件是当前正常的生产条件，那么可以使用以往的性能检测结果。	是 [ ] 否 [ ]

9）锅炉或带有设计输入电容小于 44 MW 的工艺加热炉（其排放口气体不引入火焰区域） 在特种 NCS 报告中，锅炉或带有设计输入电容小于 44 MW 的工艺加热炉（其排放口气体不引入火焰区域）除满足以上要求外，还需包括以下内容： a）性能检测期间，燃烧室的平均温度（或催化焚化炉的气体温度）	是 [ ] 否 [ ]
b）燃烧室每天平均温度可接受范围及此范围的基本原理	是 [ ] 否 [ ]
c）生产一天的开始和结束时间	是 [ ] 否 [ ]
2. 阶段性报告 1）石油炼化企业出现了规定外的事件或过量排放期了吗？ （规定例外事件及过量排放期不包括开工、停工、故障、性能检测和监测系统校准期）	是 [ ] 否 [ ]
a）石油炼化企业已经提交关于规定例外及过量排放的阶段性报告了吗？	是 [ ] 否 [ ]
b）在规定例外事件发生后的 6 个月周期，60 天之内，提交阶段性报告了吗？ 注：第一次阶段性报告始于 NCS 报告提交的日期。	是 [ ] 否 [ ]
2）如果石油炼化企业采用平均排放的方法，报告以季度报告的形式提交了吗？	是 [ ] 否 [ ]
3）对于要求进行初始性能检测的控制设备［火炬、焚化炉，锅炉或带有设计输入电容小于 44 MW 的工艺加热炉（其排放口气体不引入火焰区域）］，在阶段性报告中，设备提交了如下信息吗？ 初始性能检测结果的完整检测报告	是 [ ] 否 [ ]
监测设备停止工作的时间及持续的周期	是 [ ] 否 [ ]
4）引入火炬的排放口的阶段性报告 对引入火炬的排放口，在阶段性报告中，设备需提交每次引燃火焰测定的记录（或当有要求及认证时的替换参数记录）	是 [ ] 否 [ ]
5）通入焚化炉、锅炉或带有设计输入电容小于 44 MW 的工艺加热炉的排放口的阶段性报告，其排放口气体不引入火焰区域 通入焚化炉、锅炉或带有设计输入电容小于 44 MW 的工艺加热炉的排放口的阶段性报告中，其排放口气体不引入火焰区域，应包括如下信息： 每个燃烧室温度数值的记录或以一小时或更少时段为周期的一组数值的平均数的记录？	是 [ ] 否 [ ]
燃烧室每天温度平均数的记录？ 注：如果所有小时温度值都在 NCS 报告范围之内，那么设备可以记录范围内的所有值而不是每天的平均值。	是 [ ] 否 [ ]

Ⅵ 对储罐的要求

A．储罐的控制要求 1．对浮顶储罐，设备采用了如下控制设备中的其中一个了吗？	是[] 否[]
a）配备特殊密封垫内浮顶？	是[] 否[]
b）外浮顶？	是[] 否[]
c）外浮顶转成的内浮顶（如外浮顶上面安装固定顶）？	是[] 否[]
2. 对带有封闭的排放口系统的储罐，设备使用了一个连接火炬或其他控制设备的封闭排放口系统了吗？其中控制设备可以使 HAPs 排放量减少 95%或减少到 20 μL/L？	是[] 否[]
3．储存带有有机 HAPs 液体的储罐，其液体中总有机 HAPs 的最大真空压力值小于 76.6 kPa，由密闭排放口系统及控制设备控制了吗？［40 CFR 63.119（a）（2）］。	是[] 否[]
如果是，生产活动遵守 40 CFR 63.119（b）—（e）中规定的每个控制方法了吗？	是[] 否[]
4．新源储罐 a）除上面的控制要求外，新源储罐的所有浮顶罐上安装 40 CFR 63.119（c）（2）（I）—（xii）中规定的甲板固定设备了吗？	是[] 否[]
b）新源储罐也要采用 40 CFR63.119（b）（5）及（b）（6）中的控制要求吗？	是[] 否[]
B．储罐的检测要求 1．带有引入控制设备的密闭排放口系统的储罐的初始性能检测 对带有通入火炬的密闭排放口系统的储罐，为了确保达到有机 HAPs 排放量减量 95%或减少到 20 μL/L 的检测要求，设备必须按 40 CFR 63.11（b）中的规定进行初始性能检测吗？	是[] 否[]
1）如果是，检测包括如下测量/测定吗： 排放能见距离？	是[] 否[]
2）燃烧气体净热值？	是[] 否[]
3）燃烧气体的流速？	是[] 否[]
4）出口速度？	是[] 否[]
2．引入火炬外其他控制设备的密闭排放口系统的初始性能检测 对配备引入火炬外其他控制设备的密闭排放口系统的储罐，设备需进行一次初期设计评价，如 40 CFR 63.120（d）（1）（I）中规定，或进行一次初始性能检测吗，如 40 CFR63.120（d）（1）（ii）中规定？	是[] 否[]

C．要求进行控制的储罐的监测和检查要求 1．配备密闭排放口系统的储罐 对配备密闭排放口系统的储罐，设备必须监测符合规定状态（NCS）报告中提及的参数用以确保控制设备正确操作和维护吗？ 注：对带有浮顶罐的储罐没有监测要求。	是[] 否[]
2．通入控制设备的密闭排放口系统 对引入控制设备的密闭排放口系统，设备必须每 12 个月检查一次密闭排放口系统吗，具体见 40 CFR 63.148 中的规定？	是[] 否[]
3．浮顶储罐 a）储罐具有单密封垫系统或双密封垫系统？	是[] 否[]
b）单密封垫系统的储罐 对单密封垫系统的储罐，配备固定顶、内浮顶或外浮顶转变成内浮顶，石油炼化企业需进行如下检测： 1）通过检修孔和顶部窗口直观地检查内部浮顶和第一个密封垫，频率为第一次充满油后至少每 12 个月一次，或规定时间后至少每 12 个月一次？	是[] 否[]
2）每次储罐被清空及脱瓦斯后，直观地检查内部浮顶和第一个密封垫，频率为规定日期后至少每 10 个月一次？	是[] 否[]
3）每次储罐被清空及脱瓦斯后，直观地检查垫圈、槽膜、套筒密封圈，频率为规定日期后至少每 10 个月一次（仅限新源）？	是[] 否[]
c）双密封垫系统的储罐 对双密封垫系统的储罐，配备固定顶、内浮顶或外浮顶转变成内浮顶，石油炼化企业需进行如下检测： 1）每次储罐被清空及脱瓦斯后，直观地检查内部浮顶和第一个密封垫及第二个密封垫，频率为规定日期后至少每 5 年一次？	是[] 否[]
2）通过检修孔和顶部窗口直观地检查内部浮顶和第二个密封垫，频率为第一次充满油后至少每 12 个月一次，或规定时间后至少每 12 个月一次？	是[] 否[]
3）每次储罐被清空及脱瓦斯后，直观地检查内部浮顶和第一个密封垫及第二个密封垫，频率为规定日期后至少每 10 年一次？	是[] 否[]
d）配备外浮顶的储罐 1）对配备外浮顶的储罐，每次储罐被清空及脱瓦斯后，设备进行如下直观检查了吗： 外浮顶？	是[] 否[]
第一个和第二个密封垫？	是[] 否[]
配件？	是[] 否[]
2）对配备外浮顶的储罐，设备需进行如下额外检查： 单密封垫系统： 在规定日期之前，测量储罐壁与第一个密封垫之间的距离，频率为至少每年一次，直到安装第二个密封垫吗？	是[] 否[]

安装第二个密封垫时，在安装的 90 天内，测量储罐壁与第一和第二个密闭垫之间的距离，然后执行双密封垫检查要求［40 CFR 63.120（b）（1）（ii）］？	是[] 否[]
双密封垫系统： 在流体静力学检测期间或在规定日期之前，测量储罐壁与第一个密封垫之间的距离，频率为这之后至少每 5 年一次？	是[] 否[]
在规定日期之前，测量储罐壁与第二个密封垫之间的距离，频率为至少每年一次？	是[] 否[]
D．带有密闭排放口系统的储罐的报告要求 1．NCS 报告 a）对配备通入火炬的密闭排放口系统的储罐 对配备通入火炬的密闭排放口系统的储罐，NCS 报告必须含有初始性能检测结果，包括： 火炬设计，如助燃蒸汽、助燃空气、非助燃气体？	是[] 否[]
可见排放物读数？	是[] 否[]
热含量测定？	是[] 否[]
流速测定？	是[] 否[]
出口速度测定？	是[] 否[]
规定测定期间引燃火焰出现的周期？	是[] 否[]
b）通入除火炬外其他控制设备的密闭排放口系统 对配备通入除火炬外其他控制设备的密闭排放口系统的储罐，NCS 还包括： 监测参数的描述，此参数用以确保控制设备正常操作和维护？	是[] 否[]
参数选择的解释？	是[] 否[]
监测频率？	是[] 否[]
设计评估文件，如 40 CFR 63.120（d）（1）（1）中规定，或初始性能检测结果，此结果中应包括共享控制设备排放点的识别？	是[] 否[]
2．阶段性报告 a）存在关于储罐的规定例外吗？	是[] 否[]
如果存在，设备提交了储罐的相关阶段性报告了吗？	是[] 否[]

b）通入控制设备的密闭排放口系统的储罐的阶段性报告 对配备通入控制设备的密闭排放口系统的储罐，阶段性报告必须包括如下内容： 前6个月，控制设备的日常维护？	是[] 否[]
接下来6个月，控制设备的预期日常维护？	是[] 否[]
以火炬为控制设备，不能满足40 CFR 63.11（b）中规定的要求时，发生的事件及起因？	是[] 否[]
除火炬外的控制设备，当监测参数在NCS报告中规定的范围之外时，发生的事件及起因？	是[] 否[]
c）浮顶储罐的阶段性报告 对配备浮顶的储罐，阶段性报告必须包括每次故障的检查结果，包括： 1）检查日期？	是[] 否[]
2）储罐的鉴定？	是[] 否[]
3）故障描述？	是[] 否[]
4）修理的种类及日期或储罐被清空的日期？	是[] 否[]
d）在故障检查期间，设备需要申请一个修理检测中故障45天的延期吗？	是[] 否[]
如果设备申请了延期，相应的阶段性报告中必须包括如下内容： 故障描述？	是[] 否[]
代替的储罐罐容是难以实现的描述？	是[] 否[]
修理控制设备或罐被清空的时间安排？ 注：如果储罐在45天内不能被修理或清空，那么设备必须在30天内使用其他2个备用罐。	是[] 否[]
e）外浮顶储罐 对外浮顶储罐，设备需进行缝隙测量吗？	是[] 否[]
1）如果是，那么设备在缝隙测量的前30天通知管理者了吗？	是[] 否[]
2）40 CFR 63.120（b）（3），（4），（5）或（6）中的要求在缝隙测量时达到了吗？	是[] 否[]
如果是，那么在阶段性报告中，包括没能满足要求的缝隙测量结果吗？	是[] 否[]
在阶段性报告中，须包括如下信息吗：	是[] 否[]

密封垫缝隙测量的日期、原始数据及计算结果，如 63.120（b）（5）或（6）中所述？	是[ ] 否[ ]
不能实现的密封条件的描述？	是[ ] 否[ ]
修理的种类及日期或储罐被清空的日期？	是[ ] 否[ ]
f）1998 年 8 月 18 日之后开始执行规定的浮顶罐 对报告时间段内开始执行规定的浮顶罐，其阶段性报告中包括 NCS 报告吗？*	是[ ] 否[ ]
1）如果是，那么 NCS 报告中包括规定的方法吗？	是[ ] 否[ ]
2）如果是，那么 NCS 报告中包含所有其他类型的浮顶罐吗？其中此类浮顶罐遵守控制要求但没有遵守规则，以及包括预期的执行日期吗？	是[ ] 否[ ]
3）如果是，那么对遵守规定的浮顶罐，包括上一次报告期间遵守规定的浮顶罐，NCS 报告中包含规则的实际日期吗？	是[ ] 否[ ]
3．内部检查通知 a）在石油炼化企业用有机 HAPs 充满或重新充满每个储罐时，设备通知管理机构了吗？	是[ ] 否[ ]
b）在任何预定内部检查的至少 30 天前，设备通知管理者了吗？	是[ ] 否[ ]
如果没有，那么内部检查未安排吗？	是[ ] 否[ ]
在石油炼化企业用有机 HAPs 充满储罐的 30 天前，石油炼化企业业主或操作人员不了解检查的情况吗？	是[ ] 否[ ]
c）如果没有安排内部检查或业主、操作人员不了解内部检查，那么至少在重新加满储罐的 7 天前告知管理者？	是[ ] 否[ ]
如果通过电话告知管理者，那么随后以书面文件的形式告知管理者没有安排检查的原因了吗？	是[ ] 否[ ]
如果以文字的形式告知管理者，那么至少在重新充满油 7 天前告知管理者？ 注：如果州或当地的许可局已经取得石油炼制 MACT 的授权（直到 1997 年 8 月不是所有州都有），其可以取消所有或部分石油炼化企业储罐的通知要求。州或当地的许可局可以在提交要求通知［40 CFR 64.654（h）（2）（i）（A）中要求的］后的 30 天内，允许石油炼化企业重新充满储罐，或在提交通知［40 CFR 64.654（h）（2）（i）（B）中要求的］后的 7 天内允许石油炼化企业重新充满储罐。	是[ ] 否[ ]
E．储罐的记录保留要求	
1）全部储罐 对所有储罐，设备保留“1 组”或“2 组”判定、储罐尺寸及容积分析的记录 5 年吗？	是[ ] 否[ ]

* 这个要求反映了 1998 年 8 月 18 日对 40 CFR 63 分节 CC 部分所作的修订，更多信息参见附录 G。

此外，设备保留所有要求报告的信息 5 年了吗？	是[ ] 否[ ]
2）通入任何控制设备的密闭排放口系统的储罐 对通入一个控制设备的密闭排放口系统的储罐，设备保留如下记录 5 年了吗？	
a）初始性能检测结果的完整检测报告？	是[ ] 否[ ]
b）监测参数的测量数值？	是[ ] 否[ ]
c）计划进行的日常维护 在计划日常维护开始时，没有达到控制要求的第一次时间和日期？	是[ ] 否[ ]
在计划日常维护的结论中，达到控制要求的第一次时间和日期？	是[ ] 否[ ]
3）对配备任何形式浮顶的储罐，设备保留每一次的检测记录了吗［40 CFR 63.123（c）和（e）］？	是[ ] 否[ ]
4）对配备外浮顶的储罐，设备保留每个密封垫缝隙的测量记录了吗？包括日期、测量中取得的原始数据及 40 CFR 63.120（b）（3）和（4）中描述的计算结果？	是[ ] 否[ ]

Ⅶ 废水的要求

A．废水的控制要求 注：如果石油炼化企业遵守苯废 NESHAP［40 CFR 61 分节 FF 部分］标准，那么认为石油炼化企业也遵守炼油 MACT 标准。苯废 NESHAP 适用于石油炼化企业中的如下废水： 苯的总排放量负荷大于等于 10 t; 流率大于等于 0.02 L/min; 苯浓度大于 10 mg/kg; 受苯废 NESHAP 控制的。 1．石油炼化企业已经通过对废水采取措施，如汽提、生物处理或其他处理工艺，使苯总排放量减少 99%了吗？	是 [ ] 否 [ ]
2．对汽提和其他水管理或处理装置的排放口，设备利用控制设施实现 95%的排放减量化或实现控制设备出口浓度为 20 μL/L 的目标了吗？	是 [ ] 否 [ ]
B. 废水的检测和监测要求 1. 全部废水都执行苯废 NESHAP 的检测要求了吗？此要求见 40 CFR 61.340－61.355。	是 [ ] 否 [ ]
2．按照要求的频率进行检测了吗？	是 [ ] 否 [ ]
3．如果需要，进行废水中苯浓度的周期性测定了吗？	是 [ ] 否 [ ]
4．如果需要，进行工艺或控制设备操作参数的监测了吗？	是 [ ] 否 [ ]

C．废水报告和记录保留的要求 1．全部废水必须执行苯废 NESHAP 的报告要求吗？其中苯废 NESHAP 见 40 CFR 61.356 及 61.357。	是 [ ] 否 [ ]
2．此外，报告中要求的所有信息必须保留 5 年吗［40 CFR 63.654（1）（4）］？ 注：既然影响源已经遵守了 40 CFR 61 分节 FF 部分，那么其当前的报告和记录保留步骤就不需作出改变。	是 [ ] 否 [ ]

Ⅷ 汽油装车站台的要求

A．汽油装车站台的控制要求 此设备与汽油分配设备 NESHAP 中规定的设备一致吗？NESHAP 具体规定见 40 CFR 63 分节 R 部分，规定对设备的要求如下： 1．总有机物排放量减少到每升汽油 10 mg； 2．用蒸汽气密货物罐盛装汽油，此罐已经过气密性检测。	是 [ ] 否 [ ]
B．汽油装车站台的检测和监测要求 1．设备遵守汽油分配设备 NESHAP 的检测和监测要求吗？这些要求见 40 CFR 63.425（a）—（c）（性能检测），63.425（e）（年度鉴定），63.425（f）（泄漏探测检测），63.425（g）（氮气压力衰变场检测），63.425（h）（连续性能压力衰变检测），63.427（连续监测）。	是 [ ] 否 [ ]
2．初始性能检测 a）根据 40 CFR 60.503 中的检测方法和步骤，设备进行初始性能检测了吗？（除采用 500 ppm 的仪表测定将要修复的泄漏外，见 40 CFR 60.503。）	是 [ ] 否 [ ]
b）在工艺发生改变后，设备进行后续检测了吗？	是 [ ] 否 [ ]
如果是，那么要求石油炼化企业给出自先前检测后操作参数改变的原因？	是 [ ] 否 [ ]
c）如果设备采用一个密闭排放口系统和控制设备来控制汽油装车站台的排放量，其中控制设备如 40 CFR 60.112b（a）（3）中规定，设备进行控制设备的初始性能检测了吗？	是 [ ] 否 [ ]
d）如果设备使用火炬控制排放量，那么来自于汽油装车站台的排放量不能采用 40 CFR 60.503 中规定的方法测定，石油炼化企业要遵守 40 CFR 63.11（b）中的规定吗？	是 [ ] 否 [ ]
3．年度鉴定检测 设备都要进行汽油罐的年度检测，用以证明排放控制正在有效地发挥作用吗？	是 [ ] 否 [ ]
如果是，那么年度性能检测须依照 40 CFR 60 附录 A 中方法 27 的真空和压力检测方法进行吗？	是 [ ] 否 [ ]
4．泄漏探测检测 装车期间，设备需根据 40 CFR 60 附录 A 中的方法 21，对汽油罐进行泄漏探测检测吗？	是 [ ] 否 [ ]

a）在装载隔层或隔层仍有压时，对每个隔层进行检测吗？	是 [ ] 否 [ ]
b）除方法 21 外，检测还要遵守如下附加要求： 为了消除正面的设备漂移，每次泄漏检测的停留时间不超过设备反应时间的两倍吗？	是 [ ] 否 [ ]
每次泄漏检测期间，设备是采用环境空气清洗的吗？	是 [ ] 否 [ ]
清洗的持续时间超过仪器反应时间的两倍吗？	是 [ ] 否 [ ]
设备试图堵住来自于监测地区的风了吗？记录最高检测器读数和每次泄漏的位置了吗？	是 [ ] 否 [ ]
5．附加检测要求 a）对含有各种生产线的货物仓，设备对每个仓的夹层进行氮气压力衰变场检测了吗？检测如 40 CFR 63.425（g）所述。	是 [ ] 否 [ ]
b）设备进行连续的性能压力衰变检测了吗？如 40 CFR 63.425（h）所述。	是 [ ] 否 [ ]
6．连续监测 汽油装车站台遵守 40 CFR 63.427（a）和（b）中的连续监测要求了吗？	是 [ ] 否 [ ]
a）连续监测系统是根据操作说明书进行安装、校正、鉴定、操作及维护吗？	是 [ ] 否 [ ]
b）连续监测系统安装的位置取决于所用系统的种类吗？（如氮吸附、制冷冷凝器、热氧化或火炬）	是 [ ] 否 [ ]
C．汽油装车站台的报告和记录保留要求 1．在石油炼化企业的初始 NCS 报告中包括汽油装车站台的 NCS 报告吗？	是 [ ] 否 [ ]
2．对汽油装车站台来说，设备遵守汽油分配设备 NESHAP 报告和记录保留的要求吗？具体见 40 CFR 63.428（b），（c），（g）（1）和（h）（1）—（h）（3）。	是 [ ] 否 [ ]
3．设备需保留所有要求的记录 5 年吗？	是 [ ] 否 [ ]

Ⅸ 装船环节的要求

A．装船环节的控制要求 遵守 MACT 标准的装船环节操作遵守装船环节 NESHAP 标准吗？具体见 40 CFR 63 分节 Y 部分，要求如下： 1．对现源，设备利用控制设备进行如下操作： 装船期间，收集释放的气体了吗？	是 [ ] 否 [ ]
仅仅采用气体紧密罐盛装吗？	是 [ ] 否 [ ]

收集的 HAPs 排放量减量 97%或使用蒸汽平衡吗？	是 [ ] 否 [ ]
2．对新源，设备利用控制设备进行如下操作： 装船期间，收集释放的气体了吗？	是 [ ] 否 [ ]
仅仅采用气体紧密罐盛装吗？	是 [ ] 否 [ ]
收集的 HAPs 排放量减量 98%或使用蒸汽平衡吗？	是 [ ] 否 [ ]
B．装船环节的检测和监测要求 遵守 MACT 标准的所有装船环节操作，石油炼化企业必须遵守装船环节 NESHAP 的检测和监测要求吗？具体见 40 CFR 63.560－63.567。 注：不要求 40 CFR 63.567（b）中的初始通知报告。	是 [ ] 否 [ ]
C．装船环节的报告和记录保留要求 1．遵守 MACT 标准的所有装船环节操作，石油炼化企业必须遵守装船环节 NESHAP 的报告和记录保留要求吗？具体见 40 CFR 63.566，63.567（a）和（c）—（1）？	是 [ ] 否 [ ]
2．所有要求的记录必须保留 5 年吗？	是 [ ] 否 [ ]

X 设备泄漏环节的要求

A．设备泄漏环节的控制要求 1．对现源的设备泄漏，设备必须遵守下面设备泄漏规则中的一个： （a）40 CFR 60 分节 VV 部分［合成有机化学制造工业（SOCMI）设备泄漏 NESPS］？	是 [ ] 否 [ ]
（b）修正的 40 CFR 63 分节 H 部分［危险有机 NESHAP（HON）议定规则］？	是 [ ] 否 [ ]
2．对新源的设备泄漏，设备必须执行修正 40 CFR 63 分节 H 部分吗？	是 [ ] 否 [ ]
B．设备泄漏环节的检测、检查和监测要求 遵守 MACT 标准的所有设备泄漏，石油炼化企业必须遵守设备泄漏 NESHAP 的检测、检查、监测要求吗？具体见 40 CFR 60.1046、60.1047（40 CFR 60 分节 VV 部分）或 40 CFR 63.162—63.180（40 CFR 63 分节 H 部分）。	是 [ ] 否 [ ]
C．设备泄漏环节的报告和记录保留要求 遵守 MACT 标准的所有设备泄漏，石油炼化企业必须遵守设备泄漏 NESHAP 的报告和记录保留要求吗？具体见 40 CFR 60.1048、60.1049（40 CFR 60 分节 VV 部分）（除代替决定延迟修理者的签名必须被记录外）*或 40 CFR 63.181、63.182（40 CFR 63 分节 H 部分）［除 63.182（b），（c）（2），（c）（4）外］？	是 [ ] 否 [ ]

* 这个要求反映了 1998 年 8 月 18 日对 40 CFR 63 分节 CC 部分所作的修订，更多信息参见附录 G。

XI 平均排放的方法

A．平均排放的方法的适用性 设备采用平均排放的方法吗？	是[] 否[]
如果是，那么石油炼化企业仅在一个石油炼化企业的排放点采用平均排放的方法吗？ 注：平均排放的方法数不适用于跨界源项，如不同工厂位置或在同一位置的石油炼化企业与 HON 之间的源项（例如，将危险有机气体污染物作为其主要产品的装置）。此外，仅要求平均排放的方法数包括的点进行排放评价，而不是所有的点都进行排放评价。 平均排放的方法数规则的局限就是州有权驳回平均排放的方法，而要求对所有点实行标准控制要求。	是[] 否[]
B．平均排放的方法数存/贷系统 1．存入和贷出排放量是以大量要素为基础，采用 40 CFR 63.652（g）及（h）中的方程式计算出来的吗？	是[] 否[]
2．以年为基准，计算出的存入排放量必须大于或等于计算出的贷出排放量吗？	是[] 否[]
3．在任何一个季度内，贷出排放量不可以超过存入排放量的 30%吗［40 CFR 652（e）（4）］？	是[] 否[]
4．除下面的点外，任何一个排放点都能产生平均排放的方法存入排放量吗［40 CFR 63.652（c）（1）—（3）］？ “2 组”中的排放点； “1 组”中的排放点，此排放点受比参考控制技术拥有更高额定效率的技术控制，通过采用单独的或联合其他污染减量的方法实现排放减量，这些方法可以实现比要求更多的减量。	是[] 否[]
5．设备利用下面这些排放点产生平均排放的方法存入排放量吗［40 CFR 63.652（d）］？ 在 1990 年 11 月 15 日或之前已经实行控制的排放点，除非在 1990 年 11 月 15 日之后，控制量有所增加，那么存入排放量只能给予增加的部分。	是[] 否[]
“1 组”中采用参考控制技术控制的排放点，除非通过不同的方式使用该技术，使此技术已经通过认证并分配了更高额定频率吗？ （例如，对仅满足 40 CFR 63.641 中定义的参考控制技术规定的浮顶罐，认为其实现 95%以上的控制是不可以的。）	是[] 否[]
在停工工艺装置中的排放点？	是[] 否[]
仅受州或其他联邦法控制的排放点，除非在 1990 年 11 月 15 日之后，控制强度增加，而且在州或联邦法规要求之上吗？ 注：如果设备使用这些排放点的任何一个，那么存入排放量只能算增加的部分。	是[] 否[]

注：贷出排放量通常在“1 组”排放点的控制要求强度中产生，如各种工艺装置的排放口减量 98%及储罐 95%的目标，均未实现[40 CFR 63.652（g）]。（见表 2-3“控制要求”）。存入和贷出排放量均采用 40 CFR 63.652（g）、（h）中的公式计算。	
6．设备对如下项目进行计算吗？ 废水：不是工艺废水或生物处理装置中的废水（“1 组”中的处于控制之上的废水或没有控制的废水不能产生贷出排放量）[40 CFR 63.652（d）（4）]。	是 [ ] 否 [ ]
20 多种不受污染防治方法控制的独立排放点。	是 [ ] 否 [ ]
在污染防治措施存在的地方，有不多于 25 个的排放点吗 [40 CFR 63.652（f）（1）]。	是 [ ] 否 [ ]
在开工、停工及维修期间的排放点 [40 CFR 63.652（f）（2）]。	是 [ ] 否 [ ]
采用持续监测的排放点并且有过量排放 [40 CFR 63.652（f）（3）] [在这期间，每月的存入和贷出排放量要根据 40 CFR 63.652（f）（3）（l）—（iii）情况进行调整。]。	是 [ ] 否 [ ]
C．平均排放方法计划的认证 1．设备在执行计划或操作许可证申请中提交平均排放的方法数计划认可了吗？	是 [ ] 否 [ ]
2．计划论证了在正常操作条件下，存入排放量足以抵消贷出排放量吗 [40 CFR 63.652（e）（3）（l）] ？ 注：计划可以包括新技术的使用，与参考控制技术的区别，对“1 组”中的排放点，还需提供新技术以取得高于控制强度的信息。	是 [ ] 否 [ ]
3．设备包含在危害或风险计划中的风险评估吗？如一个大排放点对组合排放点的风险。必须评估类似的危害和风险，并与规则逐点比较。	是 [ ] 否 [ ]
D．平均排放方法的检测、监测、报告及记录保留 1．对平均排放的方法包括的每个排放点，设备必须执行检测、监测、报告及记录保留，其要求等同于平均排放的方法未包括的“1 组”中排放点的要求吗[40 CFR 63.653（a）]？	是 [ ] 否 [ ]
2．此外，设备坚持每月的存入、贷出排放量的计算吗？	是 [ ] 否 [ ]
3．设备需保留平均排放方法的如下记录吗？ 初始性能检测结果（如果适用）。	是 [ ] 否 [ ]
月存入、贷出排放量及计算结果，采用美国 EPA 规定的计算步骤计算。	是 [ ] 否 [ ]
操作参数监测结果。	是 [ ] 否 [ ]

附录 G　MACT 标准的最新更改

1998 年 8 月 18 日，美国 EPA 修订了 MACT 标准。在（63 FR 44135）修订的序言及下面部分，对修订所作的更改进行了总结。

废水的开工、停工及故障计划（3.3.5 节）

为了澄清对废水处理装置的开工、停工及故障计划（SSMP）没有要求（除非业主或操作者选择执行 40 CFR 63 分节 G 部分），MACT 标准进行了修订。

MACT 标准参考苯废操作 NESHAP 标准对废水的要求。美国 EPA 将不增加苯废操作 NESHAP 标准外的额外要求。

废水的控制要求（第 2 章，表 2-3 及第 5 章，表 5-1）

修订前，要求接收的废水符合 MACT 标准和 40 CFR 63 分节 G 部分（HON）的废水处理装置应同时遵守 40 CFR 61 分节 FF 部分（苯废操作 NESHAP）和 G 部分的规定。修订后的标准允许业主和操作者对水处理装置选择执行 G 部分对废水的要求。

开工、停工和故障报告（3.3.5 节）

修订前，石油炼化企业须报告与 SSMP 不一致的事件，时间为事件发生 2 天内及处理事件的 7 天内。这些要求已经由在下一阶段报告中报告与 SSMP 不一致的事件所代替。

对连续监测系统安装及调试要求的说明

修订前，MACT 标准需根据制造商的说明书对连续监测系统进行安装及调试。除了遵循制造商要求的步骤外，该要求已经修订为允许进行其他操作步骤。

当设备泄漏维修延误时，要求记录业主或操作人签名（4.6.3 节）

修订前，当监测到设备泄漏而不能在 15 天之内维修时，必须记录作出修理不能起作用的决定的业主或操作者（任命人）的签名。该要求已经修订，允许记录业主或操作人员（任命人）的名字。

在第一个密封垫缝隙测量期间免除对第二个密封垫的要求（4.2.3 节）

MACT 标准已修订延展条款，在储罐的第一个密封垫缝隙测量期间免除对第二个密封垫的要求，该储罐遵守石油炼化企业 NESHAP 标准，该标准与 40 CFR 60 分节 Kb 部分相一致。美国 EPA 确定，该条款提供 Kb 部分运作中未加以考虑的必需的说明。

规定说明（3.3.3 节和 4.4.3 节）

遵守 MACT 标准的带有共定位汽油装车站台的石油炼化企业，通常需要与汽油分配 MACT 要求（40 CFR 63 分节 R 部分）相一致。汽油分配 MACT 标准参考通用条款的通知要求。不确定何时需要石油炼化企业的汽油装车站台的符合规定状态（NCS）报告。该要求已经阐明任何 NCS 必须在石油炼化企业 NESHAP 规定期限 150 天内提交，该 NCS 是由石油炼化企业共定位汽油装车站台的汽油分配 MACT 标准要求的。

“1 组”中新排放点 NCS 报告要求的修订（3.3.3 节）

修订前，设备需在排放点更改或增加的 150 天内，提交一份关于“1 组”新排放点的 NCS 报告。报告要求修订后，要求“1 组”中排放点增加的报告期间，阶段性报告要提交 NCS 报告。

检查结果的半年报告（4.2.4 节）

对遵守 MACT 标准报告要求的储罐，如在检查期间发现故障，需在下一阶段性报告中报告。修订前，对遵守 Kb 或 Ka 部分规则的储罐，如在检查期间发现故障，应分别在 30 天或 60 天内向管理者提交报告。现在，在遵守石油炼化企业 NESHAP，NESHAP 又遵守 Kb 或 Ka 部分的储罐检查中，如发现故障，该故障应在下一个阶段性报告中报告。

外浮顶（EFR）密封垫缝隙测量增加部分

如前所述，遵守 MACT 标准和新源性能标准（40 CFR 60 分节 K，Ka 或 Kb 部分）的储罐仅要求其遵守两个标准中的一个。对外浮顶储罐来说，程序可具体说明，该储罐符合 MACT 标准，如果确定进行密封垫缝隙测量的操作是不安全的，那么可以允许推迟这种测量操作。当不安全条件被纠正，规定允许这种测量可以推迟 30 天，如果不安全的条件在这期间不能被纠正，那么在确定罐顶是不安全的 45 天内，必须将储罐清空。业主或操作者可以使用最多 2 个每次 30 天的延迟期，以清空罐体。这些规定已经扩展适用于遵守 Ka 和 Kb 部分规定的储罐。

储罐修理的增加部分

在 MACT 标准中，当发现内浮顶不能满足标准的要求时，必须修理浮顶或停止相关储罐的工作并在 45 天内清空储罐。如果储罐在 45 天内不能被清空或修理，业主或操作者每次可以使用最多 2 个每次 30 天的延迟期。如果使用了 1 个延迟期，那么在下一个阶段性报告中，业主或操作者必须指出该储罐，给出故障的描述，说明备用储罐的容积是无法达到要求的，明确操作日程以确保控制设备被修复或清空。此规定已扩展适用于遵守 Kb 部分的储罐，这不包括如下事件应遵循的条款：在储罐控制设备检查期间检测到故障，而且储罐在 45 天内不能被修复或清空。

汽油的定义（附录 E）

在 MACT 标准中，增加了“汽油”的定义。此定义引自关于大量汽油码头的

40 CFR 60 分节 XX 部分的性能标准。

对灵活生产装置、使用可变化的蒸馏塔及储罐的适用性判定的报告（3.3.3 节）

MACT 标准修订为，允许灵活生产装置、使用可变化的蒸馏塔及储罐的适用性确定，在初始 NCS 报告中报告（而不是规定期限之前的 18 个月）。

设备泄漏中关于搅拌器的规定（图 2-7）

当前，石油炼化企业的业主和操作者通过遵守 H 部分设备泄漏的规定，来遵守 MACT 标准的设备泄漏规定。一些 H 部分说明的条款指的是重液体运转中的搅拌器。在 H 部分中对搅拌器的说明，可以对 MACT 标准加以解释以符合搅拌器标准。MACT 标准修订为，不要求业主和操作者遵守 H 部分中关于重液体的搅拌器的规定。

汽油装车站台 XX and R 部分交叉部分（第 5 章）

当前，MACT 标准要求石油炼化企业中的汽油装车站台遵守汽油分配设施的国家排放标准 40 CFR 63 分节 R 部分的规定。新汽油装车站台遵守大量汽油码头新源性能标准中 40 CFR 60 分节 XX 部分的规定。目前要求石油炼化企业中的汽油装车站台遵守 R 及 XX 部分这两个规定还是可行的。MACT 标准修订为，要求遵守 R 及 XX 部分这两个规定的汽油装车站台的石油炼化企业遵守 R 部分的控制要求。

各种工艺装置的排放口方程式的修正

随着石油炼化企业 NESHAP 的颁布，发现了方程式中的两个错误，这两个方程式是用来计算各种装置的排放口每天排放 VOC（mg）的量的。这些错误已经被纠正。

现存“1 组”中储罐的 NCS 报告要求的修订，此储罐指 1998 年 8 月 18 日之后引入到规定中的（3.3.3 节和 4.2.4 节）

MACT 标准允许浮顶储罐引入该规定，自 1998 年 8 月 18 日开始，时间可达 10 年，即其他排放点的规定日期。当这些罐被引入到规定中时，要求提交 NCS 报告。修订前，NCS 报告提交的时间不清晰。MACT 标准已经修订为，在储罐引入到规定的报告期间的阶段性报告中，提交 NCS 报告。此报告包括“1 组”中所有储罐及每个储罐规定的实际或预期期限。

附录 H 石油炼化企业 MACT 标准实施的美国 EPA 地区及地区的联系方式

EPA I 区中没有
石油炼化企业

Umesh Dholakia
EPA II 区
百老汇 290 号
纽约，纽约州区号 10007-1866
电话：（212）637-4023/4065
传真：（212）637-3901/3998

帕特里克福利
EPA III 区（3At12）
切斯特纳特大厦 841 号
费城，宾夕法尼亚州区号 19107
电话：（215）814-2098
传真：（215）566-2114

里昂纳多 Ceron
EPA IV 区（AR-4）
亚特兰大联邦
福赛思大街 61 号
亚特兰大，佐治亚州区号 30303-3104
电话：（404）562-9129
传真：（404）562-9095

约翰-约克角
EPA VI 区（6EN-AT）
罗斯大街 1445 号，700 公寓
达拉斯，得克萨斯州区号 75202-2733
电话：（214）665-7289
传真：（214）665-7289

比尔-彼得森
EPA VII 区 ARTD/APCO
明尼苏达大街 726 号
堪萨斯城，堪萨斯州区号 66101
电话：（913）551-7881
传真：（913）551-7065

塔米-托马斯-伯顿
EPA III 区（8 ENF-T）
18 大街 999 号，500 公寓
丹佛，科罗拉多州区号 80202-2405
电话：（303）312-6581
传真：（303）312-6409

Cyntia Steiner
EPA IX 区（AIR-5）
霍索恩大街 75 号
旧金山，加利福尼亚州区号 94105
电话：（415）744-1139
传真：（415）744-1076

凯西 基思
EPA V 区（AE-17J）
杰克逊大街 77w
芝加哥，伊利诺伊州区号 60604
电话：（312）353-6956
传真：（312）353-8289

吉姆-达拉谟
（技术指导）
OAQPS，马里兰州-13
RTP，北卡罗来纳州区号 27711
电话：919-541-5672
传真：919-541

拉里布洛克曼
（指导文件）
OAQPS，马里兰州-13
RTP，北卡罗来纳州区号 27711
电话：919-541-5394
传真：919-541-2664

卡伊-翰 舒姆
EPA X 区（OAQ）-107）
第 60 大街 1200 号
西雅图，华盛顿州区号 98101
电话：（206）553-2117
传真：（206）553-0110

拉斐尔桑切斯
（规定援助）
美国环境保护局，OECA（2223-A）
宾夕法尼亚大街 1200 号 NW
华盛顿，华盛顿哥伦比亚特区区号 20044
电话：202-564-7028 –FX-0050

技术报告数据 （完成前请仔细阅读相关说明）		
1．报告编码 EPA-456/B-00-001	2.	3．接受者的登记号
4．标题及副标题 石油炼化企业 MACT 标准指导		5．报告日期 （2000 年 11 月）
		6．执行机构代码
7．作者		8．执行机构报告号
9．执行机构名称及地址 美国环境保护局空气质量规划及标准办公室，研究三角园区，NC，27711		10．程序单元号
		11．合同 /授予号
12．倡办机构名称及地址 董事 空气质量规划及标准办公室 空气及放射物办公室 美国环境保护局 研究三角园区，NC，27711		13．报告的种类及报告的时间 修订/最后版本
		14．倡办机构代码 EPA/200/4
15．补充注释		
16．摘要 此文通过确定如下问题来帮助你们（监督公众及监督机构）理解石油炼化企业 MACT 标准的要求： 规则是否适合于你的工厂及工艺过程； 排放点遵守什么规定； 控制、检测、监测及报告要求； 必须满足要求及接触的日期，怎样获得更多信息等。		
17．关键词及文献分析		
a．主题词	b．标识符/开始、结束词	c．科学情报委员会
	空气污染控制	
18．发行说明 没有限制	19．安全级别（报告） 不保密	21．页码 125
	20．安全级别（页码） 不保密	22．价格

英文缩写说明*

MACT	最大可达控制技术
EPA	环保局
ADI	适用性判定索引
NSPS	新污染物源执行标准
NESHAP	国家有毒有害空气污染物排放标准
CFC	氟氯烃
HAPs	有毒有害空气污染物
VOC	挥发性有机化合物
SIC2911	石油炼化企业的 SIC 代码参考书
SIPs	国家实施计划
SSMP	开工、停工、故障方案
NCS	符合规定状态报告
TOC	总有机化合物
API	美国石油协会
ASTM	美国材料与试验协会
HON	危险有机 NESHAP
BWON	苯废弃物产生 NESHAP
SOCMI	合成有机化学制造工业
AFC	气体设施分系统
NAAQS	国家环境空气质量标准
OAR	空气和辐射办公室
OAQPS	空气质量和标准办公室
PEFIRS	石油排放因子信息检索系统
EFR	外浮顶

* MACT 标准中列出的英文缩写说明是为了帮助读者快速了解译稿中英文缩写的含义，有利于读者对译稿的理解，而非原稿的内容。

声　明

本文件内容仅作为指南，不能作为在美国强制实施的依据。美国环保局（EPA）及州政府可决定是否强制执行本指南，与指南内容有矛盾之处时，可分析具体场合情况行事。由于美国 EPA 的管理政策变更，本指南可在不告知公众的情况下作修订。

对本文件或相关引文中所提及的行业名称或商业产品不属于使用推荐。

鸣 谢

本指南最初是在美国 EPA 强制与实施保障办公室拉斐尔·桑切斯的指导下，由科学应用国际公司制定，美国 EPA 合同号为 68-C4-0072。现已于 2000 年 11 月更新，包括补充规则。

美国环保局强制与实施保障办公室工业、能源及交通部门向所有帮助石油炼化企业 MACT 标准指南制定的人表示感谢。

特别向石油炼化企业 MACT 评阅人员致谢: Fred Weeks，EPA 1 区；Harish Patel，EPA 2 区；Paul Dressel，EPA 3 区；Mirza Baig，EPA 4 区；Kathy Keith，EPA 5 区；Martin Brittain，EPA 6 区；Bill Peterson，EPA 7 区；Scott Whitmore，EPA 8 区；John Kim，EPA 9 区；Doug Hardesty 和 Andrea Longhouse，EPA 10 区；Jim Durham 和 Larry Brockman，EPA OAQPS，以及 Mary Lalley，ERG 有限公司。

更新文件由东方研究集团公司制定，由美国 EPA 空气质量规划与标准办公室 Larry Brockman 指导，任务号为 68-D6-011。

从互联网下载该文件电子版

从美国 EPA 网站公共服务器入口可获得该文件电子版，网址：http：//www.epa.gov/ envirosense/oeca/metd/ref.html，或从美国 EPA 的标准化空气毒性物质网站下的石油炼化企业网页获取：http：//www.epa.gov/ttn/uatw/petrefine/petrefpg.html。

附加资料

适用性判定索引（ADI）下载网址：http://134.67.104.12/cfdocs/adiwww/adiwww.html-ssi。

MACT 标准的适用性附加资料可通过美国 EPA 适用性判定索引（ADI）获得。ADI 是一个包含备忘录的数据库，该备忘录由美国 EPA 发布，包括新污染源执行标准（NSPS）、美国国家有毒有害空气污染物排放标准（类别包括 NESHAP 的 61 节和 MACT 的 63 节）以及氯氟烃（CFC）相关规范，并按季度添加最新发布的规定。

美国国家合规援助结算机构可提供网络共享的合规信息，可以快速获取美国 EPA 以及其他合规管理机构提供的合规工具、联系方式和规划活动等。如想获得更多有关合规结算的信息，可登录网址 www.epa.gov/clearinghouse 进行查询。

联系方式

美国 EPA 石油炼化企业 MACT 标准指南各地区联系方式（见附录 H）